W0260809

GEDANKEN ZU EINER
WELTANSCHAUUNG
VOM STANDPUNKTE DES INGENIEURS

VON

PROFESSOR DR. A. STODOLA
ZÜRICH

ZWEITE, ERGÄNZTE AUFLAGE

MIT 11 TEXTABBILDUNGEN

SPRINGER-VERLAG BERLIN HEIDELBERG GMBH 1932

ISBN 978-3-662-32148-5   ISBN 978-3-662-32975-7 (eBook)
DOI 10.1007/978-3-662-32975-7
Softcover reprint of the hardcover 2nd edition 1932

Manuldruck von F. Ullmann G. m. b. H., Zwickau Sa.

Aus dem Vorwort zur ersten Auflage.

Wenn der von Berufspflichten unbeschwerte „Lebensabend" heranbricht, ziehen Gedanken und Erinnerungen der Vergangenheit an uns vorbei und der Wunsch wird rege, sich Gesinnungsfreunden mitzuteilen, bevor es ganz dunkelt. Denn wer denkend durchs Leben ging, gelangt allmählich zu abschließender Abklärung seiner Ansichten über die großen seelischen Anliegen, die alle Berufsfragen überragen und uns menschlich tiefer bewegen, als die ganze Last früherer Tagespflichten. Ihre Zusammenfassung bildet aber, was wir „Weltanschauung" nennen, an deren Stelle bei so Vielen beklagenswerte Leere oder Verworrenheit angetroffen wird. Der Ingenieur insbesondere läuft Gefahr Gefangener im engen Vorstellungskreis seiner Berufspflichten zu bleiben, ohne Kraft und Willen sich zu Horizonten höherer Sicht emporzuschwingen.

Aber warum dann Weltanschauung „vom Standpunkte des Ingenieurs"? Erhebt dieser den Anspruch auf besondere, aus dem Rahmen der allgemeinen Kultur heraustretende Einsichten? Mit nichten — jene Überschrift will nur andeuten, daß die wissenschaftlichen Grundlagen seiner beruflichen Bildung und die mit schwerster Verantwortung verbundene Ausübung seines Berufes den Ingenieur notwendigerweise in eine geistige Sphäre eigener Beschaffenheit drängen, in der ebensogut eine Beschränkung wie eine Bereicherung enthalten ist. Als Mangel empfinden und gestehen wir die Entfremdung von den historischen Wissenschaften und ihren Denkformen ein, — als Vorzug den ewig nach vorwärts, in die Zukunft gerichteten Drang, das triumphierende Bewußtsein, für den Fortschritt im guten Sinne des Wortes zu arbeiten und wie eine unüberwindbare Phalanx von Sieg zu Sieg zu schreiten. Wer will uns diesen Berufsstolz verübeln, wenn wir hinzufügen, daß die Pflichtverbundenheit der menschlichen Gemeinschaft gegenüber uns nicht minder ernste Gewissensangelegenheit ist, was im zweiten Abschnitt dieser Schrift des Näheren begründet wird. Dabei müssen auch bittere Wahrheiten offen ausgesprochen werden, womit bedauerlicherweise die Gefahr verbunden ist Freunde zu verlieren, die plötzlich der Kluft der Anschauungen gewahr werden, die bis anhin durch Konvention überbrückt wurde. Wer sich von der Prosa des Lebens übermannen ließ, wird schon den Anlauf zu begeistertem Aufschwung leicht als „Überschwang" mit Unbehagen ablehnen. Und doch ist argwöhnische Skepsis und kleinlautes Beiseitestehen nur ein Beweis von seelischer Störung oder Mangel an Mut. Lebensfördernd ist nur mutige Teilnahme an den mächtigen geistigen Wandlungen, die teils klar erkennbar sind, teils sich deutlicher abzuzeichnen beginnen. Und so sehnen wir Freunde herbei die geneigt sein mögen anzuhören, was uns seelisch an diesen Wandlungen über alles wichtig und teuer geworden ist. Denn im Gefühl der Geistesgemeinschaft liegt, wie mich eine der herrlichsten Erfahrungen des Lebens lehrt, und wie meine Freunde sicherlich auch empfinden werden, intensivste Anregung, nachhaltigste Stärkung, höchste Harmonie.

Ein langjähriger Lehrer weiß, welche Seelenschätze der Verkehr mit der Jugend birgt und frisch erhält. Daher richten sich die nachfolgenden Erörterungen mit besonderer Absicht auch an die studierende Jugend, der ich häufig Worte von Nietzsche ans Herz lege. Daß im Werke dieses kühnsten Denkers neben herrlichsten Einsichten grausige Irrlehren enthalten sind, sei als Mahnung zur Vorsicht ausdrücklich hervorgehoben. Im Hinblick auf den letzten Zweck dieser Schrift war es unvermeidlich dem Leser eine Einführung in die Relativitätstheorie, neue Physik, Biologie zu vermitteln.

Auf die mächtig vorwärtsschreitende Entwicklungs-Mechanik einzutreten war ebenfalls unerläßlich, da ohne Stellungnahme zum Problem des Lebens eine Diskussion über Weltanschauung auf halbem Wege stehen bliebe.

Daß zur Begründung einer Weltanschauung Relativität, Physik und Biologie nicht genügen, wird im Schlußwort dargetan. Und es werden Fragen aufgeworfen und Folgerungen gezogen über jene Dinge, die dringend zu beachten uns Vätern und Mitgliedern der großen menschlichen Gemeinschaft sittliche Pflicht ist. Die Bezeichnung „Idealismus" wäre für die ausgesprochenen Ansichten zweideutig und irreführend. Der Ingenieur weiß, daß seine Konstruktion, wenn er den Boden der Wirklichkeit verläßt, wie ein Kartenhaus unerbittlich zusammenbricht. Andererseits hat er bewiesen, daß seine Kunst manchem für utopisch erklärten Gedanken Daseinskraft einzuflößen vermocht hat. Daher bleibt er in der Realität, aber er bestrebt sich, ihr edlere, hoffnungsfreudigere Züge aufzuprägen.

Zürich, im März 1931.

Prof. Dr. A. Stodola.

Vorwort zur zweiten Auflage.

Die freundliche Aufnahme dieser Schrift durch die Ingenieurwelt legte dem Verfasser die Verpflichtung auf, für die zweite Auflage die Rolle der Technik in der Gegenwartskultur noch klarer herauszuarbeiten und den Schlußteil, der jenseits aller Standes- und Tagesfragen der Selbstbesinnung des Menschen gewidmet ist, zu vertiefen. Statt dessen konnte der mathematisch überladene Abschnitt über Relativität gekürzt werden.

Die wachsende Verbreitung von Schriften verwandten Inhaltes, wie „Moloch Maschine" von Chase, „Die geistige Situation der Zeit" von Jaspers, auf die wir im Text eingehen und schon hier angelegentlichst empfehlen, beweist, daß verantwortungsbewußtem Denken mehr und mehr Beachtung geschenkt wird. Daraus folgt, daß wir Gleichgesinnte, wenn wir uns finden könnten und wollten, keine so unbedeutende und einflußlose Vereinigung bilden würden, als man gemeinhin anzunehmen geneigt ist, was als erfreuliches Zeichen der Zeit zu werten ist.

Zürich, im Dezember 1931.

Prof. Dr. A. Stodola.

Inhaltsverzeichnis.

I. Ein Abschied[1].

Die Entwicklung der Maschinentechnik der letzten fünfzig Jahre stellt sich dem nachzeichnenden Blick des Ingenieurs, der diese Vergangenheit tätig miterlebte, als eine Bergkette mit zahlreichen ragenden Gipfeln und Spitzen dar. Es ist kaum anzunehmen, daß eine Periode ähnlich stürmischer Entwickelung so bald wieder heranbrechen könnte. In der Tat stehen am Beginn derselben die Anfänge der Elektrotechnik, die bald darauf den bekannten erstaunlichen Aufschwung nahm. Auf dem Gebiete der Wärmekraftmaschine herrschte noch uneingeschränkt die Kolbendampfmaschine, die in konstruktiver Hinsicht auf die Höhe eines Kunstwerkes gebracht worden war, und zwar vornehmlich durch die glänzenden Leistungen des schweizerischen Maschinenbaues. Man überbot sich in der Erfindung zierlichster Steuerungen; aber in thermodynamischer Beziehung war man an einem Stillstand angelangt, begrenzt durch die Höhe der damals praktisch anwendbaren Temperaturen und Drücke. Wohl wurden durch die Einführung der mehrstufigen Entspannung thermodynamische Fortschritte erzielt, die indessen auch bei vierfacher Aufteilung der Arbeit in aufeinanderfolgenden Zylindern kaum über einen thermischen Wirkungsgrad von 12—15% hinausführten. Da trat im Jahre 1892 der nachher weltberühmt gewordene Ingenieur Diesel mit einem kühnen Rationalisierungsplan auf, in seiner allerdings ein buntes Gemisch von Wahrheit und Irrtum enthaltenden Druckschrift „Der rationelle Wärmemotor", in der aber doch ein maßgebender theoretischer Grundgedanke richtig erkannt und ausgesprochen wurde. Die von der Maschinenfabrik Augsburg aufgenommene, von Krupp, Gebr. Sulzer, der Gasmotorenfabrik Deutz u. a. unterstützte Herstellung des Motors, in welchem die Erhöhung der Verdichtungsspannung des schon bekannten Gasmaschinenprozesses das thermodynamisch bedeutsame Moment bildete, stieß zunächst auf ungeahnte Schwierigkeiten. Vier bange Jahre des Wartens und Zweifelns für den Erfinder und die am Fortschritt beteiligte Gemeinschaft vergingen, bis Diesel im Jahre 1896 an der Hauptversammlung des Vereins deutscher Ingenieure die Geburt seines Motors anzeigen konnte. Von da an war der Siegeslauf trotz gelegentlicher Rückschläge nicht mehr aufzuhalten, denn die Arbeitsausbeute der Brennstoffwärme stieg von Anfang an auf das doppelte des bis dahin erreichten, d. h. auf 33 v. H. Fast gleichzeitig gelang es der thermodynamisch ebenfalls sehr günstig arbeitenden Gasmaschine, sich das wichtige Feld der Hochofengasausnützung zu erobern und es entstanden die gewaltigen Hochofengasmotoren der Hüttenwerke.

---

[1] An der Eidgenössischen Technischen Hochschule hat sich der Brauch herausgebildet, daß aus dem Amte scheidende Dozenten eine „Abschiedsvorlesung" halten, in welcher neben dem eigenen Fach auch Gegenstände allgemeineren Interesses behandelt werden. Das nachfolgende ist, von kleinen Änderungen abgesehen, die bei meinem Rücktritt im Juli 1929 an Studierende und anwesende Freunde gehaltene Ansprache.

Von einem Ersatz der Dampfmaschine durch den Dieselmotor oder die Groß-gasmaschine konnte indes keine Rede sein, da ersterer auf flüssigen, letztere auf gasförmigen Brennstoff angewiesen ist und die Vergasung der Kohle thermisch ungünstig, deren Verflüssigung damals vollkommen undurchführbar war.

Da trat die durch die genialen Erfinder Parsons und de Laval geschaffene Dampfturbine auf den Plan. Während letzterer sich auf Leistungsgrößen von etwa 300 PS beschränkte, waren vor Schluß des Jahrhunderts schon 1000 pfer-dige Parsonssche Dampfturbinen in England in Betrieb und durch den Physiker Ewing festgestellte Versuchsergebnisse lehrten den Fachmann, daß ein bedeut-samer Fortschritt im Anzug begriffen sei. Allein von der mißtrauischen, im Kon-kurrenzkampf stellenweise vor zweifelhaften Mitteln nicht zurückschreckenden damaligen festländischen Fachwelt wurde das alles für „Schwindel" erklärt, bis im Jahre 1900 die Übernahmsergebnisse der von der Stadt Elberfeld bei Parsons bestellten 1000-kW-Dampfturbine wie eine Bombe in die Dampfmaschinenwelt hineinfielen. Diese Ergebnisse waren von Prof. Schröter-München und Prof. Weber-Zürich, also auch für Mitteleuropa einwandfreien Experten durch 10tägige Versuche in New-Castle festgestellt worden und bewiesen, daß diese Turbine die damals bekannte beste Verbundkolbenmaschine im Dampfverbrauch erreicht, ja überflügelt hatte.

Darauf begann auf beiden Hemisphären des Erdballs ein Wettlauf sonder-gleichen, in welchem Parsons, Brown, Boveri & Cie., Rateau, Zoelly, General Electric Co. Schenectady, AEG. Berlin als prominenteste Kämpfer zu nennen sind. Es war eine Lust zu leben, hätte von dieser Zeit gesagt werden können, wenn die allzu intensiv drängende geistige Arbeit die Leistungsfähigkeit des Ingenieurs nicht vielfach über erträgliches Maß hinaus angespannt hätte, so daß manch einer ausscheiden und sich nach ruhigeren Buchten der Technik zurück-ziehen mußte.

An die Dampfturbine schloß sich gewissermaßen als logische Folge die durch Rateau in Fluß gebrachte Entwicklung des Turbogebläses an, das heute eine überaus wichtige Rolle spielt. Endlich sei des glänzenden Aufschwunges gedacht, den die Kältetechnik unter der maßgebenden Führung von Prof. Linde ge-nommen hatte.

Ein gemeinsamer Grundzug dieser Entwicklung war die Raschheit, mit der eine neue Idee erfaßt, aufgegriffen und, in Stahl und Eisen umgesetzt, auf eine hohe Stufe technischer Vollendung, Betriebssicherheit und Wirtschaftlichkeit gebracht wurde. Diese Tatsache ist einerseits der weitgehenden Durchbildung der konstruktiven Kunst und der technologischen Fortschritte des Fertigungs-prozesses, anderseits dem mächtigen Hilfsmittel zu verdanken, das in der Vor-arbeit der Naturwissenschaften und der auf ihnen aufgebauten technischen Wissenschaften geschaffen worden war. Jedenfalls sind die Elektrotechnik, der Dieselmotor, die Dampfturbine, die Kältemaschine Ergebnisse ursprünglich wissenschaftlicher Erkenntnisse; sie schöpften die Anregung zu ihrer Entstehung aus der verpönten „Theorie". Meine verehrten Hörer werden es daher begreiflich finden, daß ich es nicht vermeiden kann, die alte Streitfrage zu berühren, die zugleich den Akademiker sehr nahe angeht und immer wieder aufflackert, nämlich den Gegensatz von Empirie und Theorie. Auch heute noch muß es sich der Fachdozent gefallen lassen von den eigenen Kreisen aus einem "Mann der Wissenschaft" spöttisch in "Theoretiker" umgedeutet zu werden. Steht er über den Parteien, so wird er sich damit trösten, daß auch in der Bezeichnung "Empiriker" einige Geringschätzung für die oft intensive geistige Arbeit des sogenannten "Praktikers" hereinspielt.

Überhaupt wird man vorurteilsfrei zunächst feststellen können, daß es sich um kein "entweder-oder" handelt, daß vielmehr beide Faktoren zum Aufbau der Technik gleich notwendig und gleichberechtigt sind: Die Wissenschaft, wenn sie nicht in begrifflose mechanische Rechnerei ausartet, — die Empirie, wenn sie sich nicht in eine Trotzstellung gegen die Wissenschaft begibt, sondern sich entschließt Hand in Hand mit ihr zu arbeiten (ähnlich wie die Experimentalphysik mit ihrer Schwester, der mathematischen Physik). Obschon die Vorteile solchen Zusammenwirkens allen Einsichtigen klar vor Augen liegen, muß doch als eigentümliches Zeichen der Zeit angeführt werden, daß die Vertreter der wissenschaftlichen Richtung sich vielerorts zur Verteidigung gezwungen sehen; daß sich zwischen "Technikern" und "Polytechnikern" eine Art Klassengegensatz auftut, der auf das Bauingenieurwesen übergreift, und daß wir von jener Seite notorischer Ungunst begegnen, die merklich von der liberalen Art absticht mit der wir Akademiker die guten Dienste, die der Techniker der Industrie leistet, anerkennen.

Ebenso fehlt es der Industrie oft an der nötigen Einsicht. So, wenn ein Fabrikant der Textilbranche mir sagt: "Das Glück meiner Fabrik ist, daß ich unter keinen Umständen einen Polytechniker hereinlasse." Oder der Leiter einer elektrotechnischen Anstalt: "Das Unglück ist, daß man elektrische Maschinen überhaupt im Voraus berechnen kann, denn sie kommen regelmäßig falsch heraus." Solch grotesker Gesinnung gegenüber müßten wir uns also entschuldigen, wenn wir dozieren, wie die kritischen Drehzahlen der Wellen einer Dieselmaschine oder von Zeppelin-Flugmotoren zu rechnen sind, damit die Wellen nicht brechen; wie man die Festigkeit der Laufscheiben einer Dampfturbine nachprüft, damit sie nicht explodieren, usw. usf. Wir müßten dann auch die praktischen Amerikaner schelten, die auf die Erforschung der theoretischen Eigenschaften des Wasserdampfes allein in den letzten Jahren rund 300 000 Franken aufgewendet haben.

Solch engherzigen Äußerungen einseitiger Interessenten stehen indessen Aussagen weitblickender Männer gegenüber, die von dem realen, praktischen Wert wissenschaftlicher Forschung tief durchdrungen sind. Es sei erlaubt, aus meinen Jugenderinnerungen das Wort eines der begeisterten Naturforscher, Dubois-Raymond zu zitieren: "Es gibt keine noch so abstruse wissenschaftliche Untersuchung, die nicht später entsprechender praktischer Anwendung fähig wäre." Ein so heller Kopf wie der schweizerische Industrielle Dr. Zoelly erklärt: "Wir erwarten von der Hochschule vor allem die Heranbildung wissenschaftlich tüchtiger Ingenieure".

Und, geschmähte Wissenschaft, sage du selbst, jenen feindlichen Kreisen, daß deine Absicht und Wirkung über das eng Fachliche hinausgeht, daß, wer dich in sein Herz geschlossen, letzten Endes dem tiefen Trieb der intellektuellen Ehrlichkeit nachgeht, die alles Urteilen auf motivierte Gründe abstellt, daß man im Wahrheit-Suchen und -Finden, ein Erlebnis davon trägt, das uns behütet, unsere Meinungen und Handlungen überhaupt auf den seichten Grund von Schlagworten oder Modezeitströmungen aufzubauen.

Hier freilich tut sich ein **Blick auf ein wahrhaft tragisches Verhängnis der Menschheit auf.** Eine tüchtige wissenschaftliche Bildung kann sich nur aneignen, wem die Talente der raschen Auffassung, des geordneten Denkens und die nötige Ausdauer verliehen sind. Nun hat man festgestellt, daß von der Gesamtzahl der Blümchen einer Wiese oder der Ähren eines Kornfeldes, statistisch genau ausgezählt, unwandelbar nur eine kleine prozentisch stets gleiche Minderheit den Anforderungen an hohe Schönheit oder Reichhaltigkeit genügt. Genau so steht es mit der Menschenpflanze. Generation um Generation sieht ein alternder Lehrer an sich vorüber ziehen, und siehe, mit kleinen Schwankungen bleiben sie sich überaus ähnlich. So ist, um eine der Schattenseiten hervorzuheben, die Zahl der an der E. T. H. im Diplom nicht erfolgreichen Studenten bei uns jahraus, jahrein 30%, mögen sich Dozenten, Lehrpläne, Reglemente noch so ändern oder erneuern.

Wie soll sich die minderbegabte Mehrheit der Schule, dem Leben gegenüber — wie die Schule sich dieser Mehrheit gegenüber verhalten? Es sei gestattet, einige Worte teilnehmevoller Freundschaft an diejenigen zu richten, die in der kritischen Zeit des Hochschulstudiums an sich irre werden und in Seelenkonflikte geraten. Mögen sie mit Energie an der Befreiung ebenso von ungesundem Ehrgeiz wie auch von drückenden Minderwertigkeitsgefühlen arbeiten. Der Sport mit seinem Rekordwesen und publizistischen Breitschlagen des Erfolges sowie die Aufstachelung des Ehrgeizes, die schon an der Mittelschule von nicht ausgereiften Lehrern geübt wird und an der Hochschule bekanntlich nicht aufhört, haben sicher viel Übel angerichtet. Hier müssen Eltern und Lehrer männliche Fassung, dem Unerreichbaren gegenüber das Sichbescheiden zu stärken trachten, etwa mit der Mahnung weiland Prof. Eschers: „Mein Sohn, wenn Du keine Eiche werden kannst, begnüge Dich mit dem bescheideneren Lose einer Buche oder gesunden Weide".

Groß ist die Gefahr, daß ein Student angesichts blendender Erfolge seiner Kommilitonen, die ihm versagt bleiben, geradezu in melancholische Verzagung und Hoffnungslosigkeit gerät. Möge ihm die Überlegung einen Trost bieten, daß er für den Mangel an Talenten nicht verantwortlich ist und daß die Technik, neben den Führern, einer Armee von ehrlichen Arbeitern bedarf, in der auch er nach und nach eine angesehene Stellung erringen kann. Ja, daß überhaupt ehrliches Streben im Leben trotz pessimister Gegenmeinungen fast ausnahmslos zur Anerkennung und angemessener Entlohnung gelangt.

Was hinwieder die Stellung der Schule den Mittelbegabten gegenüber anbelangt, so ertönt von durch keine pädagogische Erfahrung beschwerten meist kinderlosen Draufgängern der Ruf: „Fort mit ihnen" — oder besser „man lasse sie zum Studium nicht zu, denn sie bilden einen Ballast, ziehen das Niveau des Unterrichtes herab und profitieren doch nichts rechtes". Wenn man Studierende jahrelang zwingt, unverstandene, speziell mathematische Ableitungen von der Tafel abzuschreiben, und sieht wie sie in Wolkendunst gehüllt in den Prüfungen hin und her taumeln, so wird man zugeben, daß solches Verfahren ihre Denkkraft geschwächt, also verdummend, statt aufklärend gewirkt hat. Diese Vorwürfe sind begründet. Nur klug geleitete Übung in wirklich logischem Denken steigert die Denkfähigkeit — ein Gallimathias, der sich im Gehirn wie Schimmel festsetzt, ist ausgesprochene geistige Schädigung.

Wer Lehrerfahrung hat, weiß leider, daß es sowohl mit dem Sieben beim Eintritt, als auch mit dem Eliminieren während der Studien seine Schwierigkeiten hat. Noch lange hinaus wird der pädagogische Betrieb der Schule der gleiche bleiben müssen, wie er ist. Aber der Schatten sollte ausgemerzt werden, daß willige bedauernswerte Studierende die Schule verlassen, die **keine Art** von Diplom oder sonstigen Kenntnisausweis errungen und **mit schwerem seelischen Knick voller Unlustgefühle und Hemmungen** von uns scheiden. Es liegt hier ein Problem vor, wert von menschenfreundlichem Standpunkt des Näheren untersucht zu werden, statt daß man achselzuckend mit dem harten Spruche alter Barbarei: „Wehe den Besiegten" darüber hinweg geht. Vielleicht würde die Schaffung von Diplomen zweierlei Ranges Abhilfe bieten.

Gewiß, aus mäßig begabten Genies, aus lässigen Naturen Ausbünde des Eifers, aus langsam reagierenden Temperamenten Virtuosen der Leistung zu modeln, diese Zauberei hat keine Lehrmethode der Welt zustande gebracht. Aber es ist heilige Pflicht der Hochschule sich aller, auch der berechtigt aufgenommenen Minderbegabten liebevoll anzunehmen; durch Vermehrung der Lehrkräfte allen Studierenden Gelegenheit zur Entfaltung ihrer Seelenkeime zu bieten, und auch die schwerer beweglichen Geister zu diszipliniertem Denken anzuleiten.

Dann aber verfügt die Hochschule über einen weit jenseits des Technischen liegenden Bildungsfaktor dessen Fruchtbarmachung schon ihren weitblickenden Gründern als erstrebenswertes Ziel vorgeschwebt hat: sie kann **Charakter und Weltanschauung ihrer Studierenden** einmal durch das **Beispiel vornehmer Lebensführung ihrer Lehrerschaft**, noch mehr durch **Darbietung allgemein bildender Fächer** erhöhen. Sollte was für die E.T.H. vor siebzig Jahren als wertvolles geistiges Gut galt, heute im Kurse so stark gesunken sein, daß man dieses Gebiet der Hochschulerziehung als „quantitè nègligeable" leichtfertig beiseite zu schieben vermöchte? Nein, meine Herren, nie dürfen wir es so weit kommen lassen, daß das wertvolle Juwel, die kleine Universität, die der E. T. H. in ihrer Abteilung für allgemein bildende Fächer angegliedert ist, verkannt oder gar mißachtet, ihr Dasein in kümmerlicher Weise fristet. Die geisteswissenschaftlichen Darbietungen stellen eben seelische Werte dar, die schon in ihrer äußerlichen Manifestation von der Industrie als realer Vorteil durchaus geschätzt werden. So etwa Verträglichkeit, gewinnende Umgangsformen, Wortgewandtheit und vor allem ein über das rein Technische hinausgehender freier geistiger Horizont. In diesen und ähnlichen Zügen sollte wohl **der Hauptunterschied zwischen dem akademischen Ingenieur und dem Techniker** bestehen. Daher müssen auch wir, Vertreter der sog. praktischen Disziplinen, von der Bedeutung geistiger Werte für den Einzelnen und die Allgemeinheit durchdrungen sein. Wer den Ruf als Dozent an eine Hochschule annimmt, muß neben aller Begeisterung und Bewunderung für sein Sonderfach der Überwucherung des materiellen Sinnes entgegentreten, in dem letzten Endes niedrige Instinkte des Menschenwesens verkappt oder mit frecher Gebärde ihr Haupt erheben.

So wird denn auch der Mäßigbegabte von der Hochschule einen Schatz, eine mächtige Stütze im Kampfe ums Dasein mitzunehmen vermögen, wenn er sich zu einer veredelten Lebensanschauung und einer kraftvoll gefaßten Entsagung durchgerungen, welch letztere keine Erschlaffung, sondern das sich in Harmoniesetzen mit dem Weltlauf bedeutet.

Nun gibt es, aus eben denselben biologischen Gründen, in jedem Jahreskurs eine **Garde von Studierenden,** die alles, was ein Vater, ein Lehrer, die Industrie, der Staat an Wünschen hegen können, in vollem, ja oft überreichem Maße befriedigen: Technische Begabung, erfinderische Phantasie, Sinn für wirtschaftliche Notwendigkeiten, soziales Billigkeitsgefühl, charaktervolles Wesen, so daß des Lehrers Herz sich vor Freude weitet und seine Hand wie nach dem Hute zuckt, seinem Schüler Achtung zu bezeugen. **Wohin führte der Weg eines Volkes, das solche Garde zu erzeugen nicht vermöchte?**

Lassen Sie mich daher aussprechen, was mir schon lange Herzensangelegenheit ist: für diese Garde muß mehr geschehen als bis anhin getan worden ist. Es ist kurzsichtig zu sagen, der Begabte werde schon von selbst den richtigen Weg im Leben finden. Vor allem ersuche ich meine jungen Freunde inständig, diese Anregung nicht mißverstehen oder gar mit aufsteigenden Gefühlen des Unwillens und der Rivalität zu beantworten. Die hohe Begabung ist ein Geschenk der Gottheit; wir alle müssen sie mit Jubel begrüßen, wo sie auftaucht. Nach Goethe gibt es gegen große Vorzüge Anderer kein Hilfsmittel, als die Liebe, und unsere Herzen fliegen dem Wohlgeratenen, uns Überlegenen von selbst zu, wenn wir wahrnehmen, daß ihm ferne ist, seine Überlegenheit zu mißbrauchen. Liebevolle Zuneigung schafft nach Dostojewsky ein zum Herzen dringendes Fluidum, das den Beschenkten zum Bewußtsein der ungeheuren Verantwortung für die unverdiente Gnade weckt. Wer als Begabter seiner Fähigkeiten zu rein persönlichem Vorteil glaubt ausnützen zu dürfen, ist in einem wesentlichen Punkte seiner Begabung: im Ethischen zu kurz gekommen, er kann nie volle Hochachtung beanspruchen. Glücklicherweise pflegt nach meinen Erfahrungen die universelle, das Ethische einschließende Begabung weit häufiger vorzukommen, als die spezielle, auf ein Gebiet begrenzte, die nur das Zerrbild des wahren Vollmenschen darbietet.

Was soll und kann nun für diese Garde geschehen? Der kleinere Teil davon wird früh vom Drange erfaßt, aus der Papierwelt der Schule in die Verantwortung des Lebens zu treten, um dort handelnd zu wirken. Diesen Teil hindern wir selbstredend nicht; die Industrie nimmt ihn mit offenen Armen auf. — Der andere Teil, und mit ihm zahlreiche der Minderhervorragenden, aber Ernstgesinnten, fühlen sich von den Problemen, die ihnen die Schule und ihre ersten Lebenswahrnehmungen in den Weg warfen, mächtig erfaßt und streben nach Vertiefung, d. h. nach einer volleren Befriedigung der schon erwähnten seelischen Ehrlichkeit, nicht nur im Technischen, sondern auch im Menschlichen. Beobachtungen und Überlegungen eines Menschenlebens führen mich zur Überzeugung, daß das **Ausreifen dieser wertvollen Persönlichkeiten** ein Gewinn für die Gemeinschaft ist, und nicht besser gefördert werden kann, als durch die Ruhe- und Schonzeit verlängerter Studien. Wohlverstanden handelt es sich dabei um eine von keiner Sorge um den Unterhalt gestörte Versenkung in die Welt der Gedanken, die je nach Umständen Jahre sollte in Anspruch nehmen dürfen. Da aber die Gewissenhaftigkeit, die noble Scheu dem Vater länger zur Last zu fallen, die jungen Leute aus der Schule treibt, muß die Notwendigkeit betont werden, ganz große, völlig liberal verwaltete Mittel für Stipendien zu beschaffen, die den hierzu Würdigen und nur diesen, beispielsweise längeren Aufenthalt im Auslande ermöglichen. Man vergleiche, was Amerika etwa durch die Carnegie-Institution in dieser Hinsicht leistet, und vergegenwärtige sich, daß wir dem Übermaß an Kraft und wirtschaftlicher Macht, die uns von drüben bedrohen, nichts Wirksameres entgegenzusetzen haben, als die Pflege und höchste **Entwicklung unserer europäischen Talente,** die — dem Himmel sei gedankt — nach wie vor **unserer Rasse reichlich entsprießen.** Man wende nicht mißtrauisch ein, daß diese tieferen Naturen „unpraktisch“, fürs Leben unbrauchbar würden, oder daß man die erfinderische Seite ihres Intellektes tötet. Dann müßte das gleiche bei der physikalischen Ausbildung der Fall sein, während wir Ingenieure den ungebrochen flutenden Erfindungsstrom in der Physik doch nur mit Hochachtung anerkennen können. Gerade dort ist die Verlängerung der Studienzeit an der Tagesordnung; im übrigen beweisen mannigfache mir persönlich bekannte Beispiele aus dem allgemeinen Maschinenbau die Hinfälligkeit jener Befürchtungen.

Assistentendienste sind, solange keine ausreichenden Stipendien bestehen, als Ersatz annehmbar, aber ungleich weniger wirksam als freies Studium. Doktorarbeiten auf dem Gebiete des Maschinenbaues sind in ihrer Methodik noch nicht ausreichend durchgebildet und werden wohl erst ganz befriedigen, wenn die technische Physik uns helfend unter die Arme gegriffen haben wird.

Fasse ich das Gesagte programmatisch zusammen, so wären als Postulate aufzustellen:

1. Wichtige Gebiete der Industrie müssen klarer einsehen, daß die Empirie, der sie noch vorzugsweise huldigen, oft sehr teuer produziert und für sich allein keine Gewähr für das Erringen höchster Vollendung bietet. Nur die Vereinigung mit wissenschaftlicher Kritik und Forschung verspricht höchste Dauererfolge. Es handelt sich überhaupt, wie Prof. Böhler formuliert, um die Einordnung der Wissenschaft an eine höhere Stelle in der Skala der nationalen Werte.

2. Die Rivalität des „Technikers“ und des akademischen Ingenieurs, muß bekämpft und durch ein Solidaritätsgefühl ersetzt werden. Für leitende Stellungen liefert weder die Ausbildung am „Technikum“, noch die an der Technischen Hochschule an sich Gewähr der Eignung, maßgebend hierfür ist die Artung der Gesamtpersönlichkeit. Die tiefere geistige Durchpflügung, die nur die Hochschule gewährt, stellt alles in allem **den Hochschulabsolventen gebieterisch in den Vordergrund.** Dieser darf wegen des gewaltigen Stoffes, den die Hochschule ihm aufbürdet, in den Anfängen seiner praktischen Laufbahn Rücksichten und Geduld beanspruchen, und sollte vor allem keiner Leitung unterstellt werden, der das psychologische Verständnis für die Schwierigkeiten seiner Lage abgeht. — Hier wirken sich Machtgelüste von Berufscliquen viel mehr aus, als manche Fabrikleitung zu ahnen scheint.

Der Hochschulabsolvent muß seinerseits ebenso selbstverständlich die Schwierigkeiten der Maschinenindustrie, vorab der schweizerischen, das historisch Gewordene an ihr begreifen, würdigen, und auch auf unerquickliche Verhältnisse mit besänftigender Gesinnung reagieren, statt Öl ins Feuer zu gießen.

3. Während es Staats- und Menschenpflicht ist, auf die ausreichende Ausbildung der durchschnittlichen Mehrheit volle Liebe und Sorgfalt zu verwenden, fordert das Gesamtinteresse, daß die Entwicklung der Begabten,

als der Träger des höheren technischen und menschlichen Fortschrittes, in bedeutend stärkerem Maße gefördert werde. Eine Verlängerung der Studienzeit als Zeit der Reife sowohl des Intellektes als der ethischen Seelenkräfte zum Zwecke der Abklärung der Weltanschauung ist diesen dringend zu empfehlen. Notwendig ist die Schaffung reichster Stipendien durch Privat- und Staatsmittel, um einer Auswahl der Geeigneten für reichlich bemessene Fristen die materielle Unabhängigkeit zu gewährleisten.

Hierauf wendete sich die Ansprache zu herzlichster Danksagung an die Behörden, die Kollegen, die schweizerische Industrie und meine schweizerischen Freunde, mit denen mich während eines Lebensalters ungetrübtestes Einvernehmen verband. Den Schluß bildeten nachfolgende Abschiedsworte an die studierende Jugend.

Und nun lebet wohl, Ihr Jünglinge, unter deren sich stets erneuerndem Strom ich 37 Jahre mein vornehmes Amt ausüben durfte. Ihr seid die Verkörperung der mächtigen sprossenden Kräfte, die mit Pestalozzi zu reden, der Natur auf ihrer reinen Bahn zur Verfügung stehen, um zu zeigen, was Menschengebilde auf der Stufe höchster Blüte sein kann und sein soll. Fern liege es von mir, Euch auf eine nur Heiligen erreichbare überschwengliche Idealität zu verpflichten, strenge Imperative und lastende ewige Gelübde Euch erdrückend um den Hals legen zu wollen. Die Schicksalshärte des Lebens beugt manchen ursprünglich kerzengeraden Stamm. Mit der Familiengründung tritt eine Verantwortung an uns heran, die, was an Liebe in unserer Seele enthalten ist, in zwei Zweige spaltet: den für die Allgemeinheit und für unsere Angehörigen. Wer will als Vater dem andern ein Verbrechen daraus machen, wenn der zweite Zweig auf Kosten des ersten die Nährsäfte oft stärker aufsaugt? Wer verächtlich großtun, wenn der alternde sorgenvolle Familienernährer zweimal überlegt, bevor er es mit den Mächtigen dieser Welt, wenn sie Unrecht tun, aufnimmt, und was sonst noch an Menschlichem und allzu Menschlichem in unseren Erdenwallen auftaucht.

Aber, o liebe Freunde, lasset Euch nicht vom rasenden Sturm des Lebens willenlos dahinreißen; rufet die kostbaren Augenblicke einer tieferen Besinnung immer wieder herbei; vergesset nicht, daß Ihr als Ingenieure nicht nur der toten Maschine, sondern auch dem Phänomen des Lebens als Gestalter gegenüber stehen sollt. Obschon das Mysterium des Lebens höher ist als das Geheimnis irgendeines Menschengebildes, wäre es Feigheit, das Seinige, so gering es sei, nicht beizutragen, um ihm die rechte Prägung zu geben; denn aus Millionen kleiner Kräfte setzt sich schließlich die siegende Resultante zusammen. Mit jeder bürgerlichen Abstimmung üben wir einen Teil dieser Kraft aus und legen ein Bekenntnis über letzte Wurzeln unsrer Weltanschauung ab. Wie wollen wir diese begründen. Wer soll der Führer unserer Seele in ihren Nöten sein? Friede und Segen dem, der sich in vorhandene Glaubensformen zu fügen vermag; er fühlt sich getragen durch die Gemeinschaft, die ihn aufnimmt. Aber wir Ingenieure sind kühne Neuerer, unabhängige, eigene Wege suchende Geister. Wir haben uns dieser Freiheit verschrieben, wir müssen ihren Sinn zu Ende denken.

Diesen Sinn aber flüstert uns nicht die Gebrechlichkeit des Alters, nicht die wütende Gebärde des wie toll nach klingendem Gewinn um sich Herumschlagenden zu. Um ihn bemühen sich die stolzen Gebäude der Philosophien aller Kulturvölker. Es ist eine Ungerechtigkeit zu übersehen, daß sie auch die Ethik, ja die zartesten Seelenregungen zum Gegenstand ihrer Forschung gemacht. Wer die Kraft hat, in den schwierigen Wald ihrer abstrakten Symbole einzudringen, wird mit Bewunderung wahrnehmen, daß der Begriff der sittlichen Idee dort schließlich wie ein Gestirn alles übrige überstrahlt.

In anderer, dem Gemüt zugänglicherer Form führen uns große dichterische Werke, ferner die Welt-, die Kultur-, die Wirtschaftsgeschichte und die Geschichte der Technik in dieselben Sphären ein. Wärmsten Dank den Vertretern dieser Geistesgebiete, die dem Strom der Gleichgültigkeit zum Trotz unermüdlich an unserer Bildung arbeiten; aber **Nachsicht auch für den Ingenieur,** der, vom Technischen überwältigt, **noch keine Zeit gefunden an diesen Quellen zu trinken.** Bange wird er vielleicht später nach Leitgedanken umschauen, wenn vor große Entschlüsse gestellt. Nun, meine Freunde und Genossen, nehmt den von Herzen kommenden Rat: Letzte Zuflucht sei uns in schicksalhaften Lagen die innere Stimme der eigenen Seele; aber nicht der schon zermürbten, verbitterten, sondern der jugendlichen, die noch keine Furcht und keinen Arg kennt. Stimmen wir den ergreifenden Worten des großen Kämpfers Nietzsche zu: „Einst sprach zur guten Stunde meine Reinheit zu mir: Heilig sollen dir alle Wesen sein"; aber widersetzen wir uns dem rabenschwarzen Nachsatz: „. . . da überfielet ihr mich mit schmutzigen Gespenstern — ach wohin floh jene gute Stunde". —

Ja, meine Freunde, in diesem Zwiespalt ist Euch der Scheideweg vorgezeichnet. Haltet die „schmutzigen Gespenster" fern von Euch; sie haben keine Macht wenn Euer Wille sich widersetzt. Ich kenne die tragischen Untergründe des Lebens. Das gelegentliche Hereinbrechen des großen Unglückes kann Menschenmacht nicht verhüten. Allein, gegenüber den Predigern des grundsätzlichen Pessimismus, der Prophetie vom Untergange des Abendlandes setzen wir den machtvollen Glauben an die geheimnisvolle Offenbarung, die uns Mutter Natur im schöpferischen Elan der Jugend zuraunt, den Glauben **an die große Wandlung,** die vom Geiste ausgeht, an die Möglichkeit, ein Leben von **hinreißender Schönheit,** — die ja selbst ein Abglanz der Wahrheit ist, — mitten im Jammertal der Erde aufzubauen. Diese Wandlung braucht Zeit — und abermals Zeit, aber sie schreitet gemessen, unüberwindlich vorwärts, denn sie ist — mit diesem Glauben werde ich von dannen ziehen — das Mysterium, das wahre Naturgesetz — des Geistes.

*   *   *

Nachtrag.

Worin die „schmutzigen Gespenster" in Beziehung auf die Jugend bestehen, dürfte klar sein: es ist der Schmutz des niederen erotischen Lebens. War die Stunde des Abschiedes nicht geeignet dieses Thema anzuschlagen, so darf ihm in den Zeitläuften der Freudschen Psychoanalyse nicht mehr ausgewichen werden. Unter moderner Jugend mittleren Bildungsgrades herrschen die Schlagworte vom Rechte des „Sichauslebens" und der „freien Liebe" vor, wie für amerikanische Verhältnisse mit größter Offenheit in „Die Revolution der modernen Jugend" von Lindsey und Evans dargestellt wird. Mit Erstaunen vernehmen wir, daß die dortige Mädchenwelt in weit höherem Maße als die unsrige, aus burschikos sportlichem Leichtsinn (dem offenbar eine tüchtige Dosis albernster Dummheit, für die die Bezeichnung „Naivität" viel zu vornehm wäre, zugrunde liegt) sich vorzeitigem Geschlechtsverkehr hingibt. Etwa so, daß junge Burschen ein Mädchen mit dem Auto zu einem Ausflug einladen, im Verlaufe dessen geschmuggelter Alkohol die Stimmung mit dem Ergebnis hochhält, daß die betörte 17jährige Jungfrau (in dem besonderen Fall die Tochter des Ortspfarrers)

sich nachher Mutter werden fühlt. Auf dieser Altersstufe soll es (jedenfalls in Detroit, auf das
sich die Schilderungen hauptsächlich beziehen) für Mädchen als eine Art Schande gelten, nicht
schon ein derartiges „Abenteuer" bestanden zu haben. Einem Kollegen unserer Hochschule
eröffneten Studenten vertraulich, daß sie es ohne Geschlechtsverkehr „nicht mehr aushalten
können", wobei diejenigen, die nicht bei Ladentöchtern Verständnis finden, in den Pfuhl der
Prostitution herabsteigen. Die ersteren bedenken nicht, daß Verhütungsmittel nie absolut
zuverlässig wirken, und sie somit die entsetzliche Gefahr laufen, ein im Lebenskeim geschä-
digtes Wesen in ein trostloses Dasein zu setzen. Aber die Profanierung des Aktes, den die
Natur ihren letzten biologischen Zwecken vorbehalten hat, ist an sich verwerflich, da damit
die Heiligkeit der Ehe und der Familie, der unersetzbaren Fundamente einer sittlichen Volksgemeinschaft, zerstört wird. Vollends gegen die Prostitution erhebt sich nicht nur die Empörung unseres sittlichen Gefühles über die tierische Herabwürdigung der Frau, sondern die
realen Interessen an der Volksgesundheit. Nach Lenz[1] ist mehr als die Hälfte der heirats-
fähigen Männer geschlechtlich infiziert gewesen, und es genügt schon die leichtere Infektion
der Gonorrhoe um Unfruchtbarkeit hervorzurufen, von Syphilis (die schon durch einen Kuß
übertragbar sei) ganz abgesehen. In unzähligen Fällen hat der die Ansteckungsgefahr schon
beseitigt glaubende Mann Frau und Kinder infiziert!! Daher wird nach Lenz auch bei
freiester Auffassung **die geschlechtliche Sittlichkeit nicht ohne tiefen Grund in den Mittelpunkt
der Sittlichkeit überhaupt gestellt.**

Für den verantwortungsbewußten jungen Mann ist somit der Weg vorgezeichnet: entweder Enthaltsamkeit (mit Erleichterung durch entsprechende Ernährung und maßvollen
Sport) oder frühe ehrliche Heirat, trotz mancherlei sich entgegenstellender Bedenken wie:
größere Bescheidenheit der Lebenshaltung, Verzicht auf den Junggesellen lockende Genußmög-
lichkeiten. Selbstverständlich täte die entsprechende Wandlung auch in den Anschauungen
der Jungfrau und der Eltern Not. In der Schweiz nimmt das Verständnis und das Entgegen-
kommen für frühe Ehen in erfreulicher Weise zu. Im erwähnten Buche von Lenz findet man
hierüber warmherzige (nur vielleicht zu stark von bürgerlich-praktischen Lebensansichten
beeinflußte) Erwägungen, die beherzigenswert sind. In keiner Weise könnte man die von
Lindsey vorgeschlagene Institution der „Probeehe" befürworten, die auf endlosen „Flirt"
hinauslaufen und doch unvermögend wäre, innert der kurzen Probefrist die **dauernde Harmonie** der Charaktere feststellen zu lassen. So kann auch der Protestant nicht anders als
der katholischen Auffassung, wonach **die Ehe ein Sakrament** ist, beizupflichten. Und die Liebe
ist „frei", wenn sie ohne den Druck der gesetzlichen Gewalten die Folgen ihrer Handlungen
auf sich nimmt — darin besteht ihre **edle Freiheit.**

---

[1] Menschliche Erblichkeitslehre, Bd. II, S. 477; München 1931.

II. Die Herrlichkeiten der Technik und heraufziehende Schatten[1].

Über die Herrlichkeit und die Bedeutung der Technik dürften heute unter Laien und Fachgenossen Meinungsverschiedenheiten kaum bestehen.

Die Technik ist eine der allergrößten Geistestaten, die die Menschheit vollbracht. Sie allein hat, vom ersten Werkzeug an, das sie dem primitiven Menschen schenkte, seinen Aufstieg aus dem Zustand der Tierheit auf die Höhe der Zivilisation ermöglicht, die wir heute erreicht haben. Sie ist sozusagen der pulsierende Blutstrom, der alles materielle Leben speist, dessen Versagen schon für eine kurze Zeitspanne dem Wirtschaftskörper schwerste Wunden schlagen kann. Wie suggestiv ist schon der relativ unbedeutende Stau vom Tramwagen und den Menschenmassen in unsern Hauptstraßen, wegen kleiner technischer Mängel. Sollte die Technik den Großverkehr einmal plötzlich einstellen müssen, so entstünden Katastrophen, wie sie nur die Phantasie eines Jules Verne auszumalen vermöchte.

Dabei hat die Entwicklung der Technik ein Tempo erlangt, das uns Zunftmitglieder selbst überrascht. Wenn irgendwo, so ist hier das Gleichnis vom sausenden Webstuhl der Zeit am Platz. Tag für Tag drängen sich neue Erfindungen, Verfahren, Unternehmungen heran, deren Gesamtheit sich wie ein mächtiger, stetig anschwellender Strom in Sturzwellen über alles ergießt, alle Widerstände des Altmodischen wegfegend. Nur Überbleibsel uralter Torheit und Verblendung, oder noch schlimmer Überreste der alten Raubtiernatur im Menschen konnten seinen Lauf in zweckwidrige Bahnen lenken. Wo solche Strömungen ausbleiben, erweist er sich als eine Flut von Wohltaten, die Menschenlos erleichtern und veredeln.

Aber auch in geistiger Hinsicht stellt die Technik einen nicht mehr vernachlässigbaren Faktor menschlicher Kultur dar. Die Zahl der technischen Hoch- und Mittelschulen, die im wesentlichen auf wissenschaftlicher Basis aufgebaute Lehr- und Forschungsstätten sind, nimmt ständig zu; sie wird bald die Universitäten auch an Leistungsfähigkeit der Forscher, die Größe der Forschungsmittel und der Zahl der Studierenden erreichen oder gar überflügeln. Die in die Welt austretenden Ingenieure bilden eine vom Sinn für wissenschaftliche Forschung beseelte Körperschaft, welche die Zahl der denkend arbeitenden und lebenden Menschen erhöht. Endlich erhält die Naturwissenschaft, insbesondere die Physik, als uns liebste und vertrauteste unter ihren Schwestern von der Technik mannigfache Anregung und Unterstützung. So gehört keine große Phantasie dazu, sich eine Zukunft auszumalen, in der die Technik den Menschen auf eine ungeahnte Daseinshöhe erhoben haben wird, da alle Erdenreste des Frondienstes, harter verdummender Muskelarbeit verschwunden sein werden, wo ein neues Menschengeschlecht nur noch aus hygienischen Gründen

---

[1] Erweiterte Ausarbeitung eines vor den Maschineningenieur-Kandidaten an der Eidgen. Techn. Hochschule i. J. 1926 gehaltenen Vortrages.

in lustanregenden Sportübungen die Muskeln spielen zu lassen braucht. Wo eben dank der Technik hygienische Einrichtungen im Wohnen, Kleiden und der Lebensführung die höchste Stufe körperlicher Sprungkraft und Geschmeidigkeit erreichbar machen werden, so daß gemäß einer uralten Regel in solchem Körper auch ein urgesunder Geist wohnen wird, und der Mensch sich im wesentlichen **seiner höheren geistigen Bestimmung wird widmen** können.

An solch herrlicher Zukunft sind wir Ingenieure mitzuarbeiten berufen. Haben wir irgendeinen Grund, uns im Verfolgen dieses edlen Zieles durch dem Ingenieurwesen fremde Überlegungen stören zu lassen? Welche Schatten ziehen herauf?

Vor wenigen Jahren noch hätte man mit dem Heraufbeschweren solcher Besorgnisse Verwunderung erregt. Heute stehen wir sozusagen mitten drin in Schwierigkeiten, die in der Hauptsache durch einen der glänzendsten Vorzüge der Technik selbst, durch den zu raschen Fortschritt oder ein Übermaß von „Rationalisierung" hervorgerufen worden sind. Ich meine die Arbeitslosigkeit, die heute (Ende 1930) auf der Welt etwa 15 Millionen Arbeiter[1], also mit den Angehörigen zusammen wohl an die 30 Millionen Menschen umfaßt, die wir als die Repräsentanten **modernen Bettlertums** ansehen müssen. Wohl sind die Gründe dieser Erscheinung verwickelter Natur und hängen sowohl mit dem Abseitsstehen Rußlands, wie mit einer Überindustrialisierung der Welt in Verbindung. Außerdem gesellte sich die tiefe Depression hinzu, die durch das unerhörte Sinken der Weltpreise der führenden Roh- und Nahrungsstoffe verursacht wurde. So erlebten wir im Sommer letzten Jahres die unglaubliche Tatsache, daß in Argentinien Getreide verfeuert wurde und gewisse Teile der Vereinigten Staaten von Amerika erleichtert aber vergeblich aufatmeten, als eine Dürre die allzureiche Ernte wenigstens teilweise zu dezimieren anfing.

Ob man hoffen darf, daß die gegenwärtige Weltkrise nach dem Eintreten ruhigerer politischer Verhältnisse (man braucht sich nur zu erinnern, daß im Laufe des vergangenen Sommers in fast allen Staaten Südamerikas revolutionäre Umstürze stattgefunden) auf natürlichem Wege bald wieder verebben wird, ist noch durchaus fraglich. Jedenfalls ist es Tatsache, daß technischer Erfindergeist planmäßig in der Richtung tätig ist, neue Arbeitskrisen durch unabläsige Verbesserung des Herstellungsprozesses hervorzurufen.

Betrachten wir die vollkommenste Ausgestaltung der Fertigung bei Ford, wo ungelernte Handlanger am bekannten fließenden Band mechanische Handgriffe ausführen, als deren Endergebnis die fertige Maschine entsteht, so kann es in der Tat nur noch die Frage einer kurzen Spanne Zeit sein, bis für die Herstellung von solchen Massengütern, wie Haushaltungsgegenstände, Automobile, Uhrenteile, Teile von Textilmaschinen und zahllosen anderen, die Handgriffe des ungelenken Handlangers ebenfalls durch Mechanismen ersetzt werden. Wer weiß, in welch naher Zukunft wir uns Fabriken vorstellen dürfen, die in zahlreichen Stockwerken mit surrender Maschinerie zwar dicht angefüllt, aber sozusagen menschenleer sind. An einem Ende führen Eisenbahnzüge Eisen, Stahl, Kohle herbei, die man mechanisch entlädt; am andern Ende werden die leergewordenen Wagen mit soeben geborenen blitzblanken Maschinen, die auf

---

[1] Internat. Arbeitsamt Genf, nach Neue Zürch. Ztg., 6. Jan. 1931.

einem mächtigen Band heranrutschen, befrachtet und weggeführt. In dem Riesenbau halten sich nur einige hochqualifizierte Spezialarbeiter auf, deren ganze Tätigkeit sich auf das Verdrehen von Handgriffen, Hähnen u. a. beschränkt, um
die Maschinen einzuregulieren.

Dieses Bild stellt nicht im geringsten Phantastik dar: der Betrieb einer modernen Spinnerei und insbesondere einer Müllerei stellt in der Tat eine bereits
hohe Annäherung an solche Vollendung dar.

In jenem nicht fernen Zeitalter eines fast vollständigen Automatismus, der
sich selbstredend auf die chemische Industrie, möglicherweise auf die Landwirtschaft ausdehnen wird, wo die Maschine das technische Erzeugnis und sich
selbst herstellt, wird offenbar der Bedarf an einfachen Muskelarbeitern auf
ein Mindestmaß herabsinken. Nur noch wenige, ungemein tüchtige „Spezialisten"
wird man benötigen. Was aber soll mit dem großen Troß Minderbegabter geschehen ? Es ist offenkundig, daß wir **einer Epoche schwerster sozialer Kämpfe
entgegengehen.** Sollen die Millionen Arbeitslose wie bisher auf eine kümmerliche
Unterstützung angewiesen, tatenlos allen degenerierenden Folgen des Faulenzertums ausgesetzt werden ? Soll neben dem pulsierenden Leben der einen Bevölkerungshälfte die andere als entmutigte, lebensuntaugliche Horde sich den bösen
Instinkten eines Ressentiments hingeben, aus dem schließlich das Chaos geboren
werden müßte ? So rasend ist die Entwickelung, daß die Welt von den Ereignissen
überrumpelt, der neuen Situation anscheinend ratlos gegenüberstehet.

1. Anklagen.

Es hat nie an einsichtigen Beurteilern der Gefahren gefehlt, die uns drohen.
Gemälde besonders dunkler, düsterer Färbung hat der angesehene englische Philantrop und Schriftsteller Wells[1] in seinen technischen Romanen entworfen, in
welchen die Zukunft als eine ungeheuer verschlechterte Kopie der Gegenwart
dargestellt wird. Der unendliche Fortschritt der Technik dient nach ihm nur
der Genußsucht der oberen Zehntausend mit ihrem phantastischen
Luxus, verständnislosem Häufen von Kunstschätzen, barbarischer
Pracht der Sommerresidenzen und sonstiger Lustorte, sehr ähnlich
dem Stile des überreichen, aber entarteten Roms. Daneben müßten die
unteren Klassen in den mit unentwirrbarer Maschinerie aller erdenklichen Art
angefüllten Großstädten doch wieder darben und werken. Er entwirft unheimliche Bilder zukünftiger Diktaturen mit unerhöhtem Aufwand subtilster Fernhör-, -schreib-, -sehapparaturen in Zentralüberwachungsanstalten von wo
aus die Menschheit kontrolliert und in einer Art verkappter Sklaverei gehalten wird.

Auf einer außerordentlich reichhaltigen praktischen Kenntnis der Industrie
und der gesamten Lebensverhältnisse der Vereinigten Staaten von Amerika
fußend, nimmt Stuart Chase in „Moloch Maschine"[2] Stellung zu unserem
Thema, nicht durchwegs als Ankläger, aber ohne die Mißstände im geringsten zu

---

[1] Besonders eindrucksvoll in „When the sleeper awakes".

[2] Durch E. A. Pfeiffer vorzüglich besorgte Übersetzung (Verlag Dieck & Co., Stuttgart) des unter dem Titel „Men and Machines" erschienenen amerikanischen Originals. Die
lebensfrische, mit urwüchsig amerikanischem Humor durchsetzte Darstellung des schriftstellerisch begabten Verfassers, der im Zivilleben die Stellung eines „Wirtschaftsprüfers"
bekleidete, sei hiermit zur Kenntnisnahme aufs wärmste empfohlen.

verdecken. Als solche werden vor allem genannt: die seelentötende Arbeit am Band und der Massenfabrikation überhaupt. Der Mensch wird fast zu einem Maschinenelement mit automatischen, sozusagen bewußtlosen Griffen. So, wenn in gewissen Stanzmaschinen-Werkstätten die Hand des Bedienenden mittels Handschelle an einen Hebel gekettet wird und hinaufschnellen muß, wenn die Stanze sich bewegt, in mechanisch vorgeschriebenem Tempo. Diese vollkommen ungeschulten Arbeiter nennt er (im Anschluß an den russischen Ausdruck für „schuften" und in Anspielung auf den mechanischen Menschen jüdischer Sagen) „Roboter" oder Maschinensklaven.

Die als Ideal gepriesene Fließfertigung erheischt die Investition ungeheurer Kapitalien, die alsdann festgelegt, nur mit Verlust anderweitig verwertbar sind. Die letzte Umstellung Fords von Modell T auf Modell A hat rd. 500 Millionen Mark verschlungen.

Die Notwendigkeit, das Anlagekapital arbeiten zu lassen, führt zur Warensintflut, mit der man uns überschwemmt. Um diese abzusetzen, bedarf es einer Verkaufsorganisation, deren Kosten diejenigen der Herstellung oft um das Vielfache übersteigen. „Die Verkaufskanone hat dauernd den Blasbalg in der Hand, das Feuer des Eifers anzufachen." Sie muß es, da Massenherstellung nur solange rentabel ist, als es sich wirklich um Warenmassen handelt. Sie war gezwungen, den Trick des „Abzahlungsgeschäftes" zu erfinden, durch welchen nach Chase mit einem Male 6 Milliarden Mark Kaufkraft „aus dem Nichts hervorgezaubert wurden".

Die Technik hat neben Wohltaten auch Unglücksfälle grausigsten Ausmaßes gebracht; ein großes Land muß jeden Sonn- und Feiertag mit Hunderten von Autotodesfällen bezahlen. Die Erholung, die sie darbietet, ist schal und nichtig. Chase schildert unterhaltsam, wie in den Vereinigten Staaten sommersonntags je 40 Millionen Menschen in Öldunst und Staub gehüllt mit 50 km Geschwindigkeit dahinrasen. Zehn Millionen hocken im Dunkeln und passen auf „wie am endlosen Zelluloidband ein Mädchen seine Tugend verlegt". „Für einige Stunden verschwindet die ganze Bevölkerung unter einem Wald von Holzzellstoff (Zeitungen)". „Mehr als ein halbe Million schlagen und fluchen nach einem kleinen weißen Ball"... usw.

Und mit all ihrem ungeheuren Aufwand bringt es die Technik (scheinbar) zu nichts besserem als der entsetzlichen Arbeitslosigkeit, unter der wir leiden.

Grausig ist die **Schilderung eines künftigen Gaskrieges,** in welchem die unsagbare Vernichtungskraft der Technik ihre Orgien erleben würde.

Die seelische Wirkung der Maschine sei selbst in Amerika, dem Eldorado technischer Lebensauffassung, nichts weniger denn erfreulich. Wir sind das Opfer eines ungesunden „Fortschrittsglaubens" geworden, mit gänzlich falschem Ehrgeiz. „Kein guter Amerikaner glaubt satzungsgemäß, daß sein Platz irgendwo anders, als an der Spitze sein könne ... Die Folge ist rastloses Schwanken der Bevölkerung die immer und ewig auf dem Wege zu höheren Dingen ist ... und sich ohne Pausen an brieflichen Unterrichtskursen berauscht."

Ein dritter Warner, der mitten in den Kriegswirren die klare Orientierung nicht verlor und dem Ingenieur durch seine praktische technische Laufbahn interessant wird, ist Walther Rathenau. Er bezeichnet das Ende der Entwickelung, in die die Welt durch die Herrschaft der Technik gelangt ist, treffend als **„Mechanisierung" des Lebens.** Die Entstehung wird in der bekannten Weise geschildert: Bevölkerungszunahme, ungenügende Menge der Rohstoffe und Fabrikate, aus dieser Notlage heraus der Impuls zur erfinderischen Geistestätigkeit, daraus die Schaffung der Arbeitsmaschine, des Kraftmotors, woraus wieder folgerichtig die Arbeitsteilung und hoffnungslose Spezialisierung. Dabei ist es ihm durchaus um die **Wirkungen des technischen Denkens** auf die **Geistesentwicklung** zu tun. Die tiefste Schädigung kommt nach ihm der Zweckgebundenheit des Technischen zu, das in seinen sichtbaren Verkörperungen so sehr auf materielle Wirkungen, auf das Wohlleben der Menschen ausgeht, daß sich sehr leicht ungewollt und unbewußt, unlautere, ungeistige Beweggründe ins Herz des Technikers einschleichen.

Obschon Gegner der heutigen sozialistischen Theorien, unterwirft er unsere sozialen Verhältnisse einer scharfen Kritik. Genaue Kenntnis der Realitäten und tiefe Empörung über Unrecht sprechen aus Sätzen wie die folgenden:

„In jedem zivilisierten Lande sehen wir die Bewohner in zwei Völker getrennt, die blutsverwandt und dennoch ewig getrennt einander gegenüberstehen. Ohne den Verlust bürgerlichen Ranges steigt keiner von oben hinab; ohne den Zufall von Kapitalbesitz oder Ausbildung dringt kein Unterer hinauf. Unter Tausenden von Angestellten in unseren (Groß-)Unternehmungen wird man kaum den Sohn eines echten Proletariers finden.

Er mag sich verbinden, organisieren, demonstrieren, er bleibt der Regierte und Gehorchende. Auf den goldenen Stühlen sitzen die gleichen die in breiten Straßen unter Bäumen wohnen in Wagen fahren und sich grüßen.

Wir sehen die Rennplätze und Vergnügungsorte einer Großstadt angefüllt mit gut gewachsenen selbstbewußten jungen Männern, die in einer Stunde für ein Pferd oder eine Tänzerin mehr Geld ausgeben als ein Student oder Dichter oder Musiker für den Lebensunterhalt eines Jahres ersehnt.

Der sterbende (Arbeiter) sieht die Reihe seiner Kinder und Kindeskinder unrettbar dem gleichen Schicksal überliefert. Wer dies ermißt, den ergreift die Schuld und Angst des Gewissens.

Wer ist reich und mit welchem Recht? Wer darf sagen aus dem Gesamtvermögen und -Ertrag der Welt gebührt mir das 10—100—10000fache dessen was der Durchschnitt der Menschheit besitzen und verbrauchen darf? Woher stammt menschlicher Reichtum und wie wird er erworben?

Die Enterbten bäumen sich auf; doch auch die Bevorzugten fühlen sich bedrückt. Sie fühlen den Verfall ästhetischer und sittlicher Werte. Vor allem aber **dämmert im Bewußtsein, daß Unrecht im Spiele ist.**"

Auf ein Niveau höherer Art, ins Geistige verschiebt Prof. Ermatinger das Problem in einer „Technik und Geist" betitelten Abhandlung in den Schweiz. Annalen vom August 1927.

Wer die fundamentalen Werke „Das dichterische Kunstwerk" und „Deutsche Lyrik" dieses tiefblickenden und entschlossenen Denkers kennt, wird an jener Kundgebung nicht achtlos vorübergehen können. Ermatinger empfängt von unseren Zuständen den Eindruck vollständiger Zerfahrenheit. Mit der Wucht einer Keilschrift wird dies in folgenden Sätzen seiner Abhandlung illustriert.

„Stilpsychologisch betrachtet, müssen wir die **Vergangenheit als Harmonie, die Gegenwart als Chaos** ansehen. Wir werden das Gefühl einer **maßlosen Zerfahrenheit** im Sinne ungehemmter **Sonderstrebigkeit aller Triebe** und Lebensformen im heutigen Leben nicht los.

Im Sturm der (Kriegs-)Nacht ist unser Schiff gescheitert, wir kämpfen schwimmend oder auf Planken einzeln oder in Gruppen nach dem Ufer.

Wenn auch die Ausbreitung des technischen Denkens nicht Grundursache der fraglosen Verödung der freien Schöpferkraft ist, so war doch wohl der Geist der Anfang der Technik, die Technik das Ende des Geistes. Im Werke der Technik erscheint der Atem des geistig Schöpferischen durch die eisige Kühle des Verstandes erstarrt. Wie verschieden ist die Wirkung des Geistigen und des Technischen im Dienste des Menschen. Platonische Dialoge, Tragödie des Aeschylos, biblischer Psalm erschüttern noch heute. Es fällt uns nicht ein, nach technischer Vollendung zu fragen, wenn es sich um höchste Werte der Schönheit und des Gedankens handelt.

Man frägt bei einer Maschine nicht nach Gesinnung und sittlichem Wert. Man frägt nach ihrer Leistung.

Aber auch beim Dichter: wer fragt heute noch was er ist? Man begnügt sich mit der Frage: Was kann er? Nur der naive Leser fragt noch nach menschlichen Werten, und liebt oder verwirft seine Dichter, um ihrer Gesinnung willen.

Wie in allen Zersetzungsphasen einer geistigen Stufe: die (technische) Virtuosität triumphiert. Auch hier, bedeutsam für das Zeitalter der Technik, maßt sich das Mittel an, Zweck zu sein.

Man erlebt es an Keller: Belebende Kraftquelle seiner Dichtung ist die Epoche der Auseinandersetzung zwischen Idealismus und Christentum auf der einen — Realismus und Naturwissenschaft auf der andern Seite. Je weiter sich Keller von diesem Lebenspunkt entfernt, um so innerlich ärmer und starrer wird er, bei gleichzeitiger Verfeinerung der künstlerischen Technik.

Ähnlich die weitere Entwicklung des Naturalismus. Die Welt wird gesehen durch das Bewußtsein eines Berauschten oder seelisch Angekrankten. Die dichterische Gestalt ist nicht mehr Sinnbild eines in ihren Tiefen wirkenden Geistigen.

Auch für uns wird eine neue Phase befreiter Geistigkeit sich ankündigen dadurch, daß die Technik wieder in die Stelle des Mittels zurücktritt."

Wir hören ein ungeheuer strenges, aber bis auf Einzelheiten, die ich später berühre, begründetes Urteil.

Endlich verdienen neueste Auslassungen O. Spenglers[1] Berücksichtigung, der ganz im Sinne seines berühmten (oder berüchtigten?) Werkes über den „Untergang des Abendlandes" das Wirken und das Ende der Technik in düstersten Farben schildert. Er lehnt es zwar ab, dem großen Erfinder, den er „wissenden Priester der Maschine" nennt, Nützlichkeitsrücksichten als Beweggründe zu unterschieben. Der Traum des faustischen Menschen war der Sieg über die Natur und Gott — er wollte selbst Gott sein. Aber nur „Fortschrittsphilister" begeistern sich über jeden Druckknopf, der eine Vorrichtung in Bewegung setzt, die angeblich Arbeit spart. Nicht „unendliches Behagen" kann Ziel der Entwicklung sein, sondern nur tätiges Leben jedoch **im grausamen unerbittlichen Kampf ohne Gnade.** Als Begründung dieser Auffassung kommt die grausig einschränkungslose Eröffnung: **„denn der Mensch ist ein Raubtier",** mit der wir uns im Schlußwort noch ausführlicher zu befassen haben werden. In der Maschine werde der **Begriff der Beute des Raubtieres zu Ende gedacht.**

Zugegeben wird (S. 74), daß im Kreise der arbeitenden zahllosen „Hände" **seelische Verödung, trostlose Gleichförmigkeit ohne Höhen und Tiefen** um sich greift. Allein dies wäre vom Standpunkt des Raubtieres gleichgültig, wenn nicht eine andere Sorge Spengler bedrückte. Und diese ist, daß auch diese glänzende Technik vergehen muß, verweht

---

[1] Der Mensch und die Technik. München 1931. (Unterstreichungen vom Verf.)

werden wird wie viele andere Hochkulturen der Menschheit. Bereits **melde sich der Zerfall allenthalben.** Als Zeichen hiervon wird angeführt:

1. **Das faustische Denken beginnt der Technik satt zu werden.** Die starken und schöpferischen Begabungen wenden sich von praktischen Problemen der Wissenschaften ab und der reinen Spekulation zu. **Die Flucht der geborenen Führer von der Maschine beginnt.** Bald werden nur noch **Talente zweiten Ranges** verfügbar sein. 2. **Die Spannung** zwischen Führerarbeit und ausführender Arbeit **hat den Grad einer Katastrophe erreicht.** Das Wissen um die unabänderliche Lage (des Arbeiters) ist so trostlos, daß eine Auflehnung gegen die Rolle, welche **die Maschine — nicht deren Besitzer —** den Meisten zuweist, **menschlich genug ist.** Es beginnt die Meuterei der Hände gegen ihr Schicksal.

Als schwerstes Symptom des beginnenden Zusammenbruches betrachtet Spengler den **Verrat an der Technik,** durch die geradezu prahlerische Preisgabe ihrer Geheimnisse in Wort und Schrift an die farbigen Völker. Die im Vergleich zum Kuli **fürstlichen Einnahmen des weißen Arbeiters** (welche Tatsache der Marxismus zu seinem Verderben unterschlagen habe), die Überlegenheit Westeuropas und Amerikas überhaupt beruhen auf einer **Monopolstellung der Industrie,** die nun auf immer dahin ist. Das ist nach Spengler der letzte Grund der **Arbeitslosigkeit in den weißen Ländern,** die keine Krise ist, sondern **der Beginn einer Katastrophe.** Der einzige Vorzug, der dem faustischen Menschen eingeräumt wurde, ist: sehend zu untergehen. Dieses ehrliche Ende sei das Einzige, das man dem Menschen nicht nehmen kann.

Noch manches ernste Mahnwort ähnlicher Art könnten wir — die sozialistische Literatur ganz beiseite schiebend —, aus dem bürgerlichen Lager anführen. Überlegen wir vorerst die Aussprüche der zitierten gewichtigen Ankläger der Technik. Nach Wells steigert sie Usurpationslust und -möglichkeit, nach Rathenau hat sie durch die Mechanisierung der Wirtschaft soziales Unrecht herauf beschworen, nach Ermatinger birgt Technik Gefahr für die seelischen schöpferischen Kräfte im Menschen, nach Chase hat sie den „Roboter" (Maschinenmenschen) geschaffen, nach Spengler ist sie als Ausfluß der Raubtiernatur des faustischen Menschen mit ihm zusammen dem Untergang geweiht.

2. Abwehr.

Wir Ingenieure sind als Führer der Technik für deren Gesamtentwickelung verantwortlich. Sind die geschilderten Schädigungen unser Werk, so müßte uns tiefste Entmutigung ergreifen. Die Anklagen der zitierten bedeutenden Denker legen uns die Pflicht gewissenhafter Prüfung auf.

Allgemein sei vorausgeschickt: Bewußt war diese Entwickelung keinem Techniker; gewollt hat er sie noch weniger. Daher sei erlaubt zuerst anzuführen, was unserer Verteidigung dienen kann.

Der Begriff „Technik" hat bekanntlich eine Doppelbedeutung. Einmal ist sie der Inbegriff der Wirkungen der Maschine und der Ingenieurforschung auf die Gesamtlebensverhältnisse; dann aber versteht man unter „Technik" ein Verfahren insbesondere die Anwendung erlernter Regeln ohne innere Anteilnahme z. B. in der Malerei und sonstigem künstlerischen Schaffen. Solch parasitisches Verfahren kann sich in alle Gebiete geistigen Schaffens einschleichen und bedeutet schwerste Schädigung insbesondere der künstlerischen Wahrhaftigkeit.

Mit der eigentlichen Technik hat jedoch diese Pseudoschwester nichts zu tun. Wohl lehren wir in den Schulen wie man auf systematische Weise eine Maschine „konstruieren" kann, geben aber diese Handwerksmethode nicht für schöpferische Tat aus. Wo Ermatinger „Technik" in diesem Sinne meint, sind wir mit ihm in der Verurteilung ihrer verderblichen Wirkungen selbstverständlich einig.

Gehen wir aber zur Hauptanklage über, die Technik sei Schuld an der beklagenswerten Gestaltung der sozialen Verhältnisse der Gegenwart, so ist zuzugeben, daß die **Arbeitsteilung**, aus ihr fließend **die Massenfabrikation und die Fabrikarbeit überhaupt**, mit Notwendigkeit aus ihrem Geiste geboren werden mußte. Damit war die Sonderung in „freie Berufe" und in die aufs äußerste spezialisierte Herdenarbeit gegeben. Wir sind also zweifelsohne in das Drama der sozialen Mißentwickelung verstrickt; unmöglich können wir uns mit der knabenhaften Ausrede „wir seien nicht dabei gewesen" aus der Sache ziehen wollen.

Aber ob dies als Schuld im Sinne sittlicher Verantwortung aufzufassen sei, ist damit noch nicht entschieden. Es habe ein Arbeiter in einem Hause einen Hammer stehen lassen, den der nächtliche und überraschte Einbrecher ergreift und damit einen Mord verübt. Ist der Arbeiter an dem Ausgange dieses Verbrechens schuld? Auch wenn wir zugeben und fühlen, daß ein Mann der mit gefährlichen Werkzeugen hantiert, sich der Folgen seiner Vergeßlichkeit doppelt bewußt sein sollte, so werden wir den Arbeiter zwar einer Unterlassung schuldig befinden, aber ihm nicht die Schuld am Ausgang des Verbrechens, noch weniger an diesem selbst zuschieben können. Daher müssen wir Ingenieure mit Energie die Zumutung zurückweisen, wir seien etwa für die langsamen Kindesmorde verantwortlich, die durch grenzenlosen Mißbrauch der Arbeit unmündige Kinder im Anfang des vorigen Jahrhunderts in der Textilindustrie Englands massenhaft verübt worden sind.

Im übrigen ist das Hammergleichnis, abgesehen von der uralten Waffenfabrikation, an sich ein kraß ungerechtes, wenn man bedenkt, daß Technik ursprünglich die friedfertigsten Ziele verfolgte und sich mit der Herstellung von Pflügen, Weinpressen, Spinn- und Webstühlen, Wasserrädern u. ä. in harmlos unschuldigster Weise zu betätigen anfing.

Nicht technischer Erfindungsgeist hat jenes Übel gezeitigt, sondern die dunklen Urmächte der Hab- und Genußsucht, des Eigennutzes, deren Kraft in der Brust der Menschen Schicksalsrolle zu spielen, noch ungebrochen ist. Wollen wir diese Urmächte als unentrinnbares tragisches Fatum hinstellen, wie es Spitteler in seiner „Ananke" durch einen sich auf Schienen heranwälzenden Maschinenkoloß mit granitenem Herz und Augen aus Kieselsteinen symbolisiert, der die sich aufbäumende Menschheit erbarmungslos niederstampft? Nicht von ohngefähr kommt es, daß man einen das moderne Leben am stärksten gestaltenden Faktor die kapitalistische Wirtschaftsform auch unter dem Bilde einer Maschine dargestellt hat. In der Tat liegt in der wirtschaftlichen Kraft des Großkapitals, sich bei vernünftiger Gebahrung durch Zinsgenuß, nicht nur zu erneuern, sondern automatisch unwiderstehlich zu vermehren, etwas rein mechanisches. Die Endwirkung besteht bekanntlich in der Vermögenskonzentration, die unaufhaltsam

fortschreitet, und für die fernere Zukunft die schwersten Bedenken erregen muß.
Soll auch hieran der Ingenieur schuld sein?

Es ist überhaupt schmerzhaft und muß hier offen als Klage ausgesprochen
werden, daß die Technik von unten und oben mißverstanden, insbesondere von
Seiten der Geisteswissenschaften oft mit bitterem Unrecht behandelt wird.
Als mich einst die Gunst des Zufalls mit einem Dichter von Rang näher zu-
sammenführte, wurde ich aus der Seligkeit, ein Dichtergemüt unmittelbar zu
genießen, durch den in aller Offenheit (und Naivität) ausbrechenden Vorwurf
gerissen: „Was wollen Sie mit ihrer Technik? Bin ich dadurch besser geworden,
daß ich abends, statt Zündholz an der Schachtel zu reiben, durch Knipsen
eines Griffes Licht machen kann?" Mit maßlosem Erstaunen mußte ich er-
widern: Nein, sicherlich nicht; — aber wollen wir die hygienischen Vorzüge der
elektrischen Lampe, die keine giftigen Gase absondert, so kaltblütig in den Wind
schlagen? Wie denn, wenn wir zur Talgkerze zurückkehren müßten, die ich als
Kind für den Haushalt noch selbst zu gießen Gelegenheit hatte, und das augen-
mörderische des Lesens und Arbeitens bei Talglicht genügend kennen lernte?
Verdient die Tatsache, daß der Mensch sich wie ein Vogel in die Luft schwingen
kann und in Bälde regelmäßige Flüge über den Ozean veranstalten wird, wirklich
nur geringschätziges Achselzucken? Ist es nicht Lebenssteigerung, Raum und
Zeit (selbst schon im Auto) souverän zu überwinden? Ja, ich gestehe es unumwunden, daß ich z. B. in der Übertragung der Laute, insbesondere der musikalischen durch den viel geschmähten und viel mißbrauchten „Rundfunk" dessen
Wellen als unbeschreiblich zarte Felderregungen die Erdenrunde umkreisen und
fähig wären in fernste Fernen des Universums zu dringen, etwas mit Sphären-
harmonie vergleichbares erblicke und entzückt bin damit den Kosmos abhorchen
zu können.

Somit ist die Gegenfrage erlaubt: sind wir Techniker schlecht, da uns diese
von Menschengeist **enträtselten Mysterien mit Zaubermacht ergreifen, während
wir doch gleichzeitig deine Gesichte und Visionen, o Dichter, mit Andacht in uns
aufnehmen.** Selbst aus Unmut wegen vermeintlicher Verkennung entstanden,
wäre jene Mißachtung nicht vornehm; sie ist Undank und Unrecht[1] wenn man
die in der Technik mehr als man glaubt verbreitete Hochschätzung des Geistigen
insbesondere der Künste, in Betracht zieht. Und so wallt gelegentlich auch unser
Unmut auf; wir bekennen, daß uns die Bändigung und Indienststellung der Natur-
kräfte für den Menschen unendlich wertvoller erscheint als manches unfruchtbare
Hirngespinst von Kaffeehaus-Literaten oder etwa die gelehrte Erforschung der
tausend und abertausend Brutalitäten der Weltgeschichte, beispielsweise der
Unterjochung harmloser Völker durch die Konquistadoren der Vergangheit.

Im ferneren ist die enge Verbundenheit des Technischen mit einer Geistigkeit hervorzuheben, die auch Werte darstellt und erzeugt. Wir meinen die strenge
Schulung des Ingenieurdenkens in der zwar kalten aber dafür leidenschaftslosen
und kristallklaren Sphäre der Mathematik und Physik. Das unerbittlich aber
auch tiefbefriedigend Logische dieser Disziplinen übt faszinierenden Reiz auf
den Geist aus und zwingt den Ingenieur bei späterer Meinungsbildung auf ähn-

---

[1] Einstein hat vom Standpunkte der im wesentlichen gleichgestellten Physik das allerdings derbe Gleichnis von der grasfressenden Kuh gebraucht, die kein Bedürfnis nach Naturerkenntnis hat, sich aber die saftige Nahrung gut schmecken läßt.

liche Folgerichtigkeit und Klarheit zu dringen. Überhaupt: Wo der Ingenieur auftritt, führt er an die Stelle des Chaos ungezügelter Naturgewalten die Ordnung, die Herrschaft einer überlegenen Vernunft ein. Er kann gar nicht anders, als gleiche Wandlung in der Menschheitsentwicklung und ebenso für die Innenwelt der Leidenschaften und Begierden herbeizusehnen; **das Technische ist ethischer Impulse durchaus nicht bar.**

Endlich möge man uns glauben, daß wer in das Wesen der Maschine richtig eingedrungen ist, tiefste ästhetische Wirkungen an ihr erlebt, und zwar beileibe nicht etwa als Effekt künstlicher Verschönerungszierraten! Allen Floskeln abhold sind wir bei einer „Sachlichkeit" angelangt, die nur danach trachtet, den Kraftgesetzen, die in der fraglichen Maschinenart zur Wirkung kommen sollen, möglichst prägnanten Ausdruck zu verleihen. Auch reine Zweckmäßigkeit genügt nicht; es ist als ob Schönheit aus der intuitiven Einsicht flöße, daß in der vollkommenen Maschine Natur und Geist sich in Harmonie vereint haben.

Der erwähnte, sonst freundliche Dichter wünschte sich, nach dem Tode als Flamme über seinem Volke zu schweben. Möge sein Wunsch in Erfüllung gegangen sein und er sich, wenn er diese Worte vernimmt, überzeugen lassen, daß es doch kaum großmütig wäre, die Technik im Umkreis unserer Kultur auf die Rolle des Aschenbrödels erniedrigen zu wollen. Im übrigen hat uns ja ein Dichter — und was für einer! — volle Gerechtigkeit widerfahren lassen! Goethe läßt seinen **Faust Ingenieur werden** und erweist uns hierdurch eine unermeßliche, **unvergängliche seelische Wohltat.** Wir verfolgen mit Ergriffenheit, wie dieser aus tiefstem Erkenntnisdrang durch verwüstende Leidenschaften, Gewissens- und Lebenskämpfe schreitende Mann höchster Artung nach einer Irrfahrt sondergleichen in der friedlichen Tätigkeit des Ingenieurs letzte Befriedigung und seines Lebens höchsten Augenblick erlebt. Doch wäre es ärgstes Mißverständnis, wenn wir hieraus eitlen Berufsstolz schöpften und den tiefen Sinn dieser Wandlung übersehen wollten. Offenbar ist Faust nicht von der Lust an der Technik des Kanalbaues und der Meereseindämmung getrieben, sondern vielmehr von der Inbrunst, in den Zielen der Gemeinschaft aufzugehen, oder, wie es Goethe selbst in einem seiner kühnsten Sprüche erklärt,

> „ . . . solch ein Gewimmel möcht' ich sehen:
> auf freiem Grund mit freiem Volk zu stehen."

Im übrigen leitet uns die Erinnerung an die Tragödie „Faust" von selbst zum Eingehen und zur Selbstprüfung über.

3. Eingeständnisse und Gelöbnisse.

Die eben versuchte Rechtfertigung bezweckt keineswegs uns Ingenieure von jeglicher Schuld und Verantwortung gewissermaßen rein zu waschen. Die aufrichtige Prüfung der Sachlage, ein Blick in unser Inneres können gar nicht anders als mit dem Eingeständnis großer und verhängnisvoller Verfehlungen zu enden.

a) Wir sind dem Zauber des Technischen erlegen. Der schöpferische Zustand des Erfindens birgt, wie viele bezeugt haben, Wonnen in sich, die dem Ingenieur durch nichts ersetzt oder gar überboten werden können. Es sind Beispiele bekannt, daß sonst gewissenhafte Ingenieure im Zustande dieses „Besessenseins"

Pflichten gegen Eltern, Freunde und Familie vernachlässigt haben. Einen so gewaltigen Zauber brechen zu wollen, wäre unrichtig; er **muß bloß auf das richtige Maß zurückgeführt werden, damit der Ingenieur nicht verständnis- und teilnahmslos am Strome des öffentlichen und des geistigen oder künstlerischen Lebens vorbeigeht.** Diese Einseitigkeit ist ein Hauptgrund für die von Ermatinger befürchtete Verflachung, die bis zum Verkümmernlassen der besten Anlagen gehen kann, auch bietet sie gerne Hand zu Überschätzung, ja Überhebung. Den feiner Empfindenden muß das Hurrageschrei, die Trompetenstöße, mit denen das Lob der Technik oft verkündet wird, widerlich berühren.

Der „Nurtechniker" darf sich über die Zurücksetzung in Gesellschaft und Staatsdienst nicht beschweren, während seine Teilnahme an letzterem wie wir unten ausführen, so dringend erwünscht wäre. Endlich zeitigt jene Betörung noch eine Sorte niederer Techniker, die wir z. B. als Patentjäger wohl kennen. Hier ist die Ekstase schon stark mit Genußsucht oder Dünsten noch dunklerer Herkunft versetzt, nach dem trivialen Wunschschema: Villa am See, Diener, Glanzauto und das dazugehörende Jahreseinkommen.

b) Wir vergessen oft, daß der Arbeiter und wir gleich unentbehrliche gleich wesentliche Glieder des großen technischen Organismus sind, von dessen einheitlicher reibungsloser Zusammenarbeit der Enderfolg des Ganzen abhängt. Ohne tüchtige Arbeiter keine gute Maschine. Man sende Dutzende bester Ingenieure in ein Land mit unentwickeltem Arbeiterstand und man wird mit Industriegründungen ein Fiasko erleben. Ein gütiges Schicksal hat die Ingenieure mit etwas mehr Begabung, mit etwas reichlicheren materiellen Mitteln beschenkt; wir konnten uns auf der gesellschaftlichen Leiter emporschwingen und vergaßen diejenigen, die da unten ein einförmiges Tagewerk in der Tretmühle vollbringen. Unser Herz hat sich verhärtet, unsere Seele hat ihre Schwingen nicht entfaltet. Die falsch ausgelegte Maxime atavistischer Häuptlingsnaturen: „Herr zu bleiben im eigenen Hause" klingt uns so lieblich in die Ohren, daß wir schließlich die Abhängigkeit der Arbeiterschaft für eine gottgewollte Institution erklären. Der Einwand, einem Brudergefühl stehe im Wege, daß der absolvierte Diplom-Ingenieur geringer entlohnt werde, als ein tüchtiger Monteur, ist einerseits nur auf die Lehr- und Wanderjahre des Ingenieurs anwendbar, anderseits nachdenklich stimmend, da der Arbeiter seine bessere Stellung nur kraft seiner Organisation errungen hat. Sollten wir uns also auf die gleiche Bahn drängen lassen?

Noch nachdenklicher stimmt die Erfahrung, daß nur diejenigen die selbst von unten herauf kommen wahres Gefühl für die Not jenes Standes aufbringen, wie in vorbildlicher Weise der berühmte Physiker Abbee mit seiner menschenfreundlichen Zeiß-Stiftung dargetan hat.

c) Wir haben uns von einer unreifen Naturerklärung einfangen lassen, die den Kampf ums Dasein in der tierischen und pflanzlichen Welt auf die Menschheit ausdehnt, und die Brutalität des Tieres für ein Naturrecht des Menschen seinen Mitmenschen gegenüber erklärt. Erstaunlich und beschämend für diese Gilde der Darwinianer alten Stiles, daß ausgerechnet ein Anarchist, der russische Denker Kropotkin in seinem ausgezeichneten Buche über die „Gegenseitige Hilfe in der Tier- und Menschenwelt"[1] ihnen auf ihrem ureigenen zoologischen

---

[1] Volksausgabe, Verlag Th. Thomas, Leipzig 1923.

Gebiete entgegentreten konnte. Jene Kampfverkünder haben offenbar durch dahin neigendes eigenes Triebleben den Blick einseitig auf die Raubtierarten der Erde gerichtet und uns suggeriert die der Zahl der Individuen nach unvergleichlich ausgedehnteren Arten der harmlosfriedfertigen Geschöpfe zu übersehen, bei denen Kropotkin gerade die Häufigkeit der gegenseitigen Unterstützung nachweist. Daß auch diese einen Kampf bestehen müssen ist allerdings Tatsache, aber nicht „jeder gegen alle" sondern gegen die Naturgewalten. Was Kropotkin über eigene Beobachtungen aus Sibirien, über die Verheerungen der hereinbrechenden Schneestürme, Überschwemmungen u. ä. unter der Tierwelt berichtet, ist in seiner Art ergreifend. Damit ist auch uns der Weg vorgezeichnet, nicht gegen, sondern miteinander zu kämpfen für die Ausrottung von Übelständen und Nutzbarmachung der Hilfsmittel der Natur, womit wir wieder mitten in die Sphäre technischen Denkens gelangt sind.

4. Der einzuschlagende Weg.

Schließen wir nun das Buchkonto über die Schuld- und Unschuldfrage, um uns der weit wichtigeren Aufgabe zuzuwenden, das Endziel anzugeben, das der Ingenieur inmitten des Labyrinthes der Schwierigkeiten anzustreben habe. Wenn wir unerschrocken aufrichtig bleiben, so müssen wir bekennen, daß der Intellekt, diese wundervolle Naturgabe, in dessen Dienst wir traten, dem wir unsere größten genialsten Leistungen verdanken, doch nicht das Letzte und Höchste im Menschen ist. Er hat die verborgenen Kräfte des Bösen, das unser Werk im Laufe der Zeit verunstaltet hat in ihrem Werden nicht, oder nicht zeitig genug erkannt und sie, als sie sich ins Unheimliche steigerten, nicht energisch genug bekämpft. Er ist ja trotz Phantasiereichtums und seiner Stärke im rein Logischen eine Instanz ohne Gefühlstiefe, ohne Antriebe zum Protest und zum Handeln. So ließ er zu, daß die technische Arbeit um ihren wahren Segen betrogen, die Welt durch Hab- und Herrschsucht und durch deren Gegenbild den Klassenkampf, schließlich durch die Kriegsfurie, zerfleischt wurde.

Es ist klar, daß gegen solche Umtriebe nicht mit äußeren Machtmitteln, sondern nur durch Förderung einer **innerlichen Wandlung jedes Einzelnen** endgültig angekämpft werden kann. Eine durchgreifende Abwehr, nach der zu suchen unser grundehrlicher Beruf uns anspornt, kann hiernach nur in der Erweckung und Steigerung der Seelenhaften im Menschen bestehen. **Wir müssen der Seele die Oberhoheit über den Intellekt einräumen**[1].

Welchen Sinn solche Forderung hat, haben uns die Großen der Dichtung und Gedankenwelt offenbart. So der, dem auszusprechen gegeben war, was andere nur dunkel anzudeuten vermögen, Goethe, an jener Stelle (deren Schluß wir mit tieferer Absicht unterdrücken), wo er spricht, wie „in des Busens Reine" ein Streben wallt:

---

[1] Der von Sombart mit Nachdruck verfochtene Vorwurf einer **Entseelung der Arbeit** hängt mit obiger Forderung zweifellos zusammen, ohne sie jedoch zu erschöpfen. Sombart hat sowohl die „Repetitiv-Arbeit" als auch weite Gebiete des Wirtschaftslebens im Auge. Als Beispiel erwähne ich die Schilderung eines bedeutenden Kaufherrn, wie erhebend es gewesen sei mit seinem Vater durch die reichen Vorratsräume überseeischer Waren zu wandern, sich über deren Güte und Absatzchancen zu unterhalten. Heute werde die Ware im schwimmenden Schiff mittels Radioruf verkauft und nie wieder gesehen.

> „Sich einem Höheren, Reinern, Unbekannten
> Aus Dankbarkeit freiwillig hinzugeben,
> Enträtselnd sich dem ewig Unbekannten..."

Den jugendlichen Zuhörern meines Vortrages konnte ich ein Zitat aus Nietzsche nicht vorenthalten, in welchem dieser hochzielende Geist eine Innigkeit und Zärtlichkeit bezaubernder Art vereint. Es ist die Apotheose an das „Genie des Herzens", welches

> „alles Laute und Selbstgefällige verstummen macht und horchen lehrt; welches die rauhen Seelen glättet und ihnen das neue Verlangen zu kosten gibt, wie ein stiller See den tiefen blauen Himmel zu spiegeln; das die tölpische und überraschte Hand zögern und zierlicher greifen lehrt; das den verborgenen und vergessenen Schatz, den letzten Tropfen Güte und süßer Geistigkeit unter trübem dickem Eise errät, — von dessen Berührung jeder reicher fortgeht — nicht begnadet und überrascht, sondern reicher an sich selber — aufgebrochen, wie von einem Tauwind ausgehorcht, zärtlicher und zerbrochener, aber voll Hoffnungen, die noch keinen Namen haben, voll neuen Willens und Strömens."

Eine kraftvoll in sich ruhende Deutung des Seelischen gab Spitteler im gewaltigen Epos „Prometheus und Epimetheus", das zu den tiefsten Schöpfungen der neueren Dichtkunst gehört.

Hohe Beachtung verdienen, als besonderes Zeichen der Zeit, die Werke des schon genannten E. Rathenau, des vieljährigen Leiters einer der größten elektrotechnischen Unternehmungen, der sich als praktisch Urteilender, das reale Leben gründlich kennender Fachmann ausgewiesen hat, daher nicht gut unter die Marke „weltfremder Idealisten" abgeschoben und abgelehnt werden kann. Zu nennen sind insbesondere der Schluß der „Mechanik des Geistes" (dessen erste Hälfte freilich ein mißglückter abstrakter Versuch bleiben wird), und der Anfang des „Von kommenden Dingen", wo er sich mit größter Inbrunst für die oben vertretenen Anschauungen einsetzt.

Wohl ist wahr, daß das Wesen des wahrhaft Seelischen nur empfunden und nicht dialektisch erklärt werden kann, ja daß man mit Goethe geneigt wäre auszurufen: „wenn ihr's nicht fühlt, ihr werdet's nicht erjagen". Allein dieses entbindet uns nicht von der Pflicht, den Versuch einer klaren praktischen Zielsetzung zu unternehmen. Da verdienen die Äußerungen des verdienstvollen wissenschaftlichen Veterans des Maschinenbaues, des unermüdlich für vernünftige Reformen kämpfenden inzwischen dahingeschiedenen Altmeisters v. Bach[1] eindringliche Beachtung:

> „Klassengegensätze in einer Nation sind unvermeidlich ... aber eine Milderung derselben statt einer immer weiter fortschreitenden Vertiefung, wie man sie in unserem Volke beobachtet, halte ich für wohl erreichbar." Auf seine Anregung haben die Deutschen Goethe-Bünde i. J. 1913 folgendes Preisausschreiben erlassen:

> „Was hat zur Milderung der Klassengegensätze zu geschehen, welche heute die aufeinander angewiesenen Kreise unseres Volkes weit mehr trennen, als in den natürlichen Verhältnissen begründet ist? ... Wir haben uns in Deutschland viel zu sehr daran gewöhnt die Milderung der Klassengegensätze fast ausschließlich von der Verbesserung der wirtschaftlichen Verhältnisse der Arbeiter und von der Gesetzgebung zu erwarten. Die Auswahl derjenigen, welche sich bewußt sind, daß in unserem Volke ... diese Milderung auch auf dem rein menschlichen Gebiete mit aller Kraft angestrebt werden muß und daß es sich hierbei um eine

---

[1] Ztschr. Ver. Dtsch. Ing. 1913, 2013.

allgemeine Kulturaufgabe handelt, erscheint noch recht gering. Die Erkenntnis der überragenden Wichtigkeit dieser Kulturaufgabe für unsere Nation in weite Kreise zu tragen, ist
Zweck des Preisausschreibens. Die Stellung der Frage: Wie ist es gekommen, daß die zur
Führung berufenen gebildeten Oberschichten unseres Volkes in so weitgehendem Maße die
Fühlung mit den anderen Schichten verloren haben, wie es tatsächlich der Fall ist, muß bei
gründlicher Bearbeitung auch die Wege erkennen lassen, die einzuschlagen sind."

Bach fügt bei: „Als wir jung waren, hatten wir als Ideal die Erringung
der nationalen Selbständigkeit. Das war bei Hoch und Niedrig vorhanden . . .
Die heutige Jugend hat kein solches Ideal. Geben wir ihr eines, geben wir ihr
das Ideal der Menschlichkeit im Sinne des Gesagten."

Seither sind furchtbare Ereignisse eingetreten. Die **materielle Wiederaufrichtung** aus den Schäden des unseligen Weltkrieges ist heißestes Bestreben einer
großen Mehrheit der Bevölkerungen aller Länder. Dennoch dürfte das Ideal
Bachs für die Erreichung auch dieses Zieles eines der wirksamsten Mittel sein.
Denn die Millionen arbeitsloser Bettler flehen uns um Erbarmen an und nur
wahre Menschlichkeit kann uns den besten Weg weisen, sie **vor dem moralischen
Zusammenbruch zu bewahren.** Andernfalls schließen sie sich dem Aufmarsch
der unheimlichen Mächte an, die unsere Zivilisation bedrohen.

Da es sich um Aktionen größten Ausmaßes handelt, können wir unter keinen
Umständen die Unterstützung der **größten Organisation der Kulturwelt, des Staates**
missen. Denn der Staat ist durch das Machtmittel der Gesetzgebung befähigt, beabsichtigte Wirkungen innerhalb kürzester Frist auf Millionen auszudehnen. Allein mit zunehmender Lebenserfahrung erkennt man, daß dem Staatswesen auch Mängel und Gefahren anhaften, die uns die Begeisterung der Jugend
früher verdeckte. Aber wie sollte der Staat schon vollkommen sein, nachdem er
kaum die Herrschaft der Häuptlinge, Raubritter, Feudalherren, Autokraten
überwunden? Auch in den verfassungsmäßig regierten Staaten beruht die Staatsmacht auf der Herrschaft der einfachen Mehrheit, und wenn diese schwach
ist, versagt ihre Autorität, wie wir so überaus schmerzlich am Antialkoholgesetz
der Vereinigten Staaten erleben. Ferner lösen sich gesetzgebende Körperschaften
leicht in Gruppen von bloßen Interessenvertretungen auf; statt der Rücksicht
auf das Wohl des Ganzen herrscht schmähliches Feilschen der Einzelverbände.
Von Beispielen hierfür wimmelt es in Gegenwart und Vergangenheit. Drittens
ist auch bei Hingabe an die Allgemeinheit oft ein Mangel an staatsmännischem
Geist und Verständnis oder Mut für das was not tut, festzustellen.

Hier setzt der Wunsch der Technikerschaft nach **größerer Beteiligung an der
gesetzgeberischen Arbeit** ein[1]. Nicht daß wir uns für spezifisch staatsmännisch
begabt halten würden, wohl aber weil unsere Problemauffassung und Arbeitsmethoden sich durch vorteilhafte Merkmale auszeichnen. Die große
Ängstlichkeit vieler „Gesetzgeber" vor Neuerungen kommt mit davon, daß sie
nie Gelegenheit hatten, rein intellektuelle Konzeptionen in die Wirk-

---

[1] In einem ebenfalls sehr beachtenswerten Aufsatz in Ztschr. Ver. Dtsch. Ing. **1912,** 302
teilt Bach mit, daß die Zusammensetzung des damaligen Deutschen Reichstages die folgende
war: 80 Gutsbesitzer, 79 Juristen, 58 Schriftsteller, 40 Verbands- und Arbeitersekretäre,
35 Kaufleute, 22 Theologen (17 katholische, 5 evangelische), 12 Handwerker, 10 Oberlehrer,
8 Verleger, 7 Bürgermeister, 7 Lehrer, 6 Mediziner, 5 Gewerbetreibende, 4 Universitätsprofessoren, 4 Arbeiter, 2 Steuerbeamte, 12 andere Berufe, 6 ohne Beruf, also auf ein Total
von **397** kein einziger Ingenieur.

lichkeit umzusetzen. Für den Ingenieur ist dies umgekehrt, tägliche Aufgabe. Fortwährende Reformen, Neuerungen und Umwälzungen sind in seinem Gebiet an der Tagesordnung. Wenn er zur Realisierung seiner Ideen schreitet, so benützt er eine zeichnerische Darstellung des Erdachten an der eine über alle Maßen gewissenhafte und umsichtige Kritik geübt wird, mit sorgfältiger Untersuchung aller denkbaren Folgen und Möglichkeiten im Falle von Störungen, so daß, wie ungezählte Beispiele zeigen, die in die Hunderte gehenden Einzelteile, aus denen die Maschine besteht, sich wie durch Zaubermacht zusammenfügen, um als unermüdliche, metallische Sklaven zu schaffen, gemäß dem Plan und Willen des Urhebers.

Wenn man diesem Ingenieurgeist Einzug in die Gesetzgebung gewährte, würde die Welt mit Staunen feststellen können, wie vieles realisierbar ist, was früher schlechthin unausführbar utopistisch schien. Denn, fügen wir hinzu: Der Ingenieur **arbeitet nicht nur mit metallischem, sondern auch mit „Menschenmaterial"**. Er muß den Menschen mit all seinen Schwächen und Vorzügen kennen; er ist vor allem der gegebene Vermittler zwischen Kapital und Arbeit, womit freilich auch ein Stück der Tragik seines Berufes anfängt.

Als neuzeitlicher Mensch beansprucht er für sich die **Freiheit der Gesinnung**, daraus folgend der Kritik. Diese muß sich notwendigerweise sowohl nach oben wie nach unten richten und daraus ergibt sich ein **Kampf nach zwei Fronten**. Der Ingenieur hat zahlreiche Gelegenheit das Wesen der kapitalistischen Wirtschaft aus unmittelbarer Anschauung kennen zu lernen, um über deren Auswüchse entsetzt zu werden. Wenn er vollends, wie der Schreibende das Glück hatte, Hörer eines Adolf Wagner gewesen zu sein, aus dessen Worten trotz der schwach heiseren Stimme der Klang einer überirdisch wohltuenden Gerechtigkeit heraustönte (die übrigens der Leser seines Lehrbuches auch heute noch nachempfinden kann), so kann er der entstellenden Gegenargumentation, den Einschüchterungsversuchen und der Härte der Vertreter der extrem kapitalistischen Richtung nicht anders als mit tiefem Unwillen entgegentreten. Welche Öde in Großteilen des zwar schaffenden aber nach vollbrachtem (zugegeben ehrlichem!) Tagwerk nichts anderem als dem „braunen (und sonstigem) Genuß" (Nietzsche) frönenden Bürgertums. Das Recht zu solcher Feststellung wird sich der Ingenieur nicht nehmen lassen, und wer meint, der „Kathedersozialist" Wagner sei längst überwunden, möge die in der neueren volkswirtschaftlichen Literatur sich mehrenden kritischen Stimmen beachten. So schildert Bonn[1] die aus der Inflation in Deutschland durch die ungeheuerliche Vermögenskonzentration erwachsenden Gefahren:

(S. 27) „Keine Machtposition der Erde kann ausschließlich von ein paar großen Nutznießern verteidigt werden. Wenn die wenigen Milliardäre auf Erden ihren Besitz ungefährdet genießen wollen, muß es Hunderte von Millionären, Tausende von reichen Leuten, Millionen von kleinen Leuten geben, die etwas besitzen und dafür zu leben und zu sterben bereit sind. Es muß dem sozial Benachteiligten stets die Aussicht winken, sich **in die Reihen der sozial Begünstigten emporzuarbeiten"**. (S. 28) Es ist plutokratische Anmaßung zu behaupten Reichtum sei mit Kultur gleichbedeutend. (S. 43) Die alte Vorstellung vom Segen der freien Konkurrenz ist demnach durch die zahlreichen Trusts, Kartelle usw. illusorisch gemacht. (S. 47) Einem Ford wird das Buchen des Reingewinns unter der Rubrik **„sozialer Dienst"** in Amerika nur nachgesehen, weil er die Arbeiter am Verdienst partizipieren ließ. Der autori-

---

[1] Das Schicksal des deutschen Kapitalismus. S. Fischer 1930.

tiv gerichtete deutsche Kapitalismus, insbesondere die schwere Industrie, **hat nie mitver-dienen lassen wollen.** (S. 48) Der Kapitalismus, der soziale Lasten einsparen will, organisiert in der industriellen **Reservearmee der Arbeitslosen** unbewußt die wahre „**Rote Armee**". Diese Art des Kapitalismus sieht **ein Recht auf gleichbleibende Rente** als selbstverständlich an, während sie gleichzeitig **das Recht auf einen Soziallohn** in heller Entrüstung ablehnt. (S. 83) Die Kartelle und Syndikate sind Verteidigungsorganisationen einer profitgierigen Industrie, die auch dem rückständigsten Betrieb seinen Teil der Rente zukommen lassen will. (S. 90) Sie strecken brüderlich die Rechte über die Grenzpfähle, wo früher der Feind stand und rufen einander zu, das Vergangene zu vergessen. **Das Monopol ist bedroht, es muß internationali-siert werden.** Bonn verurteilt die Tendenz des Kapitalismus in Deutschland sich eine risikolose Rendite zu sichern, d. h.: (S. 115) Man kann nicht risikofreie Wirtschaft treiben und nach vollständiger Beseitigung der Konkurrenz **die Prämie für das gar nicht mehr vorhan-dene Risiko in voller Höhe einstreichen".** Daher meint Bonn (S. 104) daß solche Betriebe sich über kurz oder lang **eingehender Buchprüfung zwecks Sonderbesteuerung** werden unter-ziehen müssen. (S. 107) Die deutsche Wirtschaft stehe eben **mitten in einem Staatssozialis-mus und werde zum Sozialismus führen,** wenn man nicht die Gesetze des wahren Kapitalis-mus anerkennt. Dabei billigt Bonn Staatsunternehmungen besonders wo es sich um Monopole handelt wenn sie im kapitalistischen Sinn geführt werden. Auch erkennt er an (S. 130), daß **der selbstbewußt gewordene Mensch nicht als bloße Ware behandelt werden kann, damit** nicht sein Gemüt dem Kommunismus erliegt, **auch wenn sein Verstand dessen Lehren zurückweist.**

In dieser von kapitalfreundlicher Seite kommenden Kritik vermissen wir die Diskussion der Frage, ob nicht durch geeignete Steuergesetze eine Begrenzung der Größe des individuellen Vermögens und eine progressive Erbschaftssteuer in Erwägung zu ziehen wären. Ebenso wenig wird dem Kapitalisten nahegelegt, den Anteil, den sein persönliches Verdienst (Talent, Wagemut einschließlich Erfin-dungsindee) an dem Zustandekommen seines Vermögens trägt, aufrichtig einzu-schätzen und sich, — eingedenk der Mithilfe, die ihm die geltenden Gesetze (die „Spiel"regeln) gewährten, als ein vom Glück Begnadeter zu empfinden, dem ein im wesentlichen durch die Kraft der Gemeinschaft geschaffenes Pfand zur Verwaltung übergeben worden ist.

Der berühmte englische Volkswirtschafter Keynes[1] bewundert die großen Industriekapitäne, die, nach Marshall, dem weitdenkenden Schachspieler ver-gleichbar, anscheinend glänzende Angebote der Utopisten ablehnen, weil sie die Folgen besser übersehen, und uns dienen indem sie sich dienen. Und doch beginne der Glanz dieser **Meister des Individualismus zu verblassen;** es sei uns zweifelhaft geworden, ob wir an ihrer Hand ins Paradies eingehen werden. Aus den Prinzipien der Nationalökonomie folge nicht, daß der aufgeklärte Egoismus immer dem allgemeinen Besten dient. Es erhebe sich wachsende Reaktion da-gegen, den Schutz der Gesellschaft zu ausschließlich auf die Geldinteressen des einzelnen aufzubauen.

Die Grundanforderungen die unabhängig von der Wirtschaftsform an die Persönlichkeit zu stellen sind, um die geschilderte Fehlentwicklung zu vermeiden, entwickelt Prof. E. Böhler in einer tiefgegründeten Studie[2]. Danach ist die Wirtschaft verantwortlich für die Rentabilität aller Betriebe und aus diesem Grunde allerdings der Technik übergeordnet. Ihre für die Gemeinschaft kardinale Aufgabe, den größtmöglichen Gesamtnutzen zu erzielen, ist indessen in der

---

[1] Das Ende des Laisser-faire. München 1926, S. 28.
[2] Technik und Wirtschaft in den geistigen Entscheidungen der Gegenwart. Heft 3 der Kultur- u. Staatswissenschaftlichen Schriften, herausg. v. d. Eidg. Techn. Hochschule. Verlag Sauerländer, Aarau.

heutigen Wirtschaftsordnung mit dem Motiv des Selbstinteresses, d. h. des Privatverdienstes verkoppelt, und dessen psychologisches Übergewicht habe bewirkt, daß (a. a. O. S. 20) der wirtschaftliche Wert **sich aus der sittlichen Weltordnung gelöst hat** (,,Geschäft ist Geschäft'').

Das Vorherrschen des Selbstinteresses kommt auch in der Bezeichnung soziale ,,Lasten'' für zum Wohle der Gesamtheit gebotene Aufwendungen zum Ausdruck. Nimmt man die geschichtliche Erfahrung dazu, daß alle bisher erreichten Fortschritte dem Kapitalismus mühsam abgerungen werden mußten, so scheine der Beweis erbracht, daß nicht die Technik, sondern die Wirtschaft für die heutigen kulturellen und sozialen Verhältnisse verantwortlich gemacht werden müsse (S.21).

Diesen Schluß hält B ö h l e r (S. 22) für voreilig und entgegnet, daß **Verantwortung immer nur der Mensch als solcher** und niemals irgendein **Kulturfaktor**, Gesetzgebung oder eine **Gesellschaftsordnung** tragen kann. Und ,,Verantwortung beginnt immer just da, wo Gesetze aufhören''.

So müsse denn der letzte Grund für unsere heutige Situation in der **Lebensschwäche des geistigen Menschen** gesucht werden (S. 26). Diese ist nicht zuletzt gerade in den Kreisen der reinen Geisteswissenschaften feststellbar. Ein **Wunschdenken** wird an Stelle der Auseinandersetzung mit der Realität gepflegt (S. 29). Diese wirklichkeitsfremde Ideologie konnte seit Jahrzehnten in einem solchen Schutznebel leben. Daher die **Krise der Geisteswissenschaften** und das **sinkende Ansehen der Universitäten.**

Um so schlimmer sind die Verhältnisse im Gebiete der Wirtschaft und selbstredend auch der Technik, weil diese so sehr unter den Einfluß der Interessen geraten seien. Die Folge ist, daß die **praktische Welt an ihrer Ungeistigkeit aus den Fugen geht** (S. 31).

Eine Abhilfe kann im heute herrschenden Wirtschaftssystem nur die Erkenntnis bringen daß die Verbundenheit der Individuen, der Unternehmungen, ja der Völker ebenso real ist wie ihre Selbständigkeit. Da wir nicht nur denken sondern handeln müssen, dürfen keine Rangunterschiede zwischen sog. ,,höheren'' Kulturgebieten, wie Kunst und Geisteswissenschaft, und ,,niedrigeren'', wie Technik und Wirtschaft, statuiert werden. B ö h l e r stellt die **Wesenskultur** an Stelle bloßer **Bewußtseinskultur** in den Vordergrund Seine Schrift gipfelt in der Forderung, daß zur äußeren Freiheit von der Natur, die die Technik ermöglicht: **die innere Freiheit vom blinden Triebe, als Wesen wirklicher Kultur, hinzutrete.**

Ergänzend darf diesen beachtenswerten Ausführungen beigefügt werden, daß der Einzelne auch die Verantwortung für die **herrschenden Institutionen** trägt, die dadurch Ausdruck des Kulturzustandes einer Epoche und zugleich stärkste Faktoren für deren Weiterentwickelung werden.

Wenden wir uns nun **gegen die andere Front hin,** zu den **unteren Schichten,** die zum Teil noch naiv in den Tag hinein leben, zum Teil organisiert sind. Während die kapitalistische Presse nicht müde wird uns einzureden, daß der Mensch — von Grund aus selbstsüchtig — niemals Arbeitseifer entfalten würde, wenn keine Möglichkeit des Profites winkte, gehen die Theorien des praktischen Sozialismus von der vollen Hingabefähigkeit des Menschen an die Pflichten und Ziele der Gemeinschaft aus. Jene heimtückischen Einflüsterungen von der Schlechtigkeit der Menschen werden Lügen gestraft durch Tausende, ja Millionen in Staats- und sonstigem Dienst stehender Beamten bis zum armseligen Dorfschullehrer herab, denn diese Wackeren gaben und geben bei lächerlich bescheidenen ,,Avancement''-Aussichten im Dienste der Gemeinschaft ihr Bestes her. Allein, ob sie eine so **überwältigende Mehrheit bilden,** um eine Neuordnung der wirtschaftlichen Organisation im Sinne des **Vollsozialismus** ohne **schwerste Gefahr** für Niederbruch der Wirtschaft und der Kultur zu ermöglichen, **ist mehr als fraglich.**

Staatsminister Ibsen (Sohn des Dichters) äußerte zu mir, wir hätten nur die tragische Wahl zwischen der (sozialen) Gerechtigkeit mit Opferung der Kultur oder der Bewahrung der Kultur mit Preisgabe der Gerechtigkeit. Ein hochgesinnter Musiker entgegnete, daß ihm eine Kultur ohne Gerechtigkeit nicht vorstellbar sei. Welch ungeheure Opfer schon am altgewohnten „Komfort" die biblisch strenge Gleichmachung aller, uns heutigen Besitzenden auferlegen würde, zeigt das Beispiel Rußlands, wo übrigens bereits wesentliche Abstufungen der Löhne und obendrein die Akkordarbeit eingeführt werden mußte. Statt idealisierender Lösungen müssen wir uns also für eine **allmähliche aber ununterbrochene „soziale Evolution"** einsetzen[1]. Mit den neuesten Eingriffen des Staates in das Wirtschaftsleben, wie Bankenaufsicht, Milliarden erheischende Arbeitslosenunterstützung, **hält dieses Programm bereits seinen Einzug in die Wirklichkeit.** Das Tragische des Augenblickes besteht in der allzu starren allzu kurzsichtigen Verteidigung der Anhänger des herrschenden Systems trotz seinen Unvollkommenheiten, und im drängenden, bis zur Gewaltsamkeit (Diktaturgelüste) gesteigerten Ungestüm mit dem die Unteren sich den „Platz an der Sonne" rücksichtslos und in zu raschem Tempo erkämpfen möchten.

Wenn wir genauer hinsehen und hinhorchen, wie diese Massen — die der Herrenmensch als „Horde", Pestalozzi als „unentwickelte Herde der Menschheit" bezeichnen — beschaffen sind, so erblicken wir einen Grundstock von Tüchtigen und Gewissenhaften, die in treuer Pflichterfüllung jene „Qualitätsarbeit" leisten, ohne die keine Industrie Weltruf begründen könnte[2]. Sie bilden politisch in mehreren europäischen Staaten eine sozusagen bürgerlich gewordene Partei, die jedoch wegen begreiflicherweise begangener Fehler an die Wand zu drücken der von Tillich[3] scharf gegeißelte „Geist der bürgerlichen Gesellschaft" in England, mit seiner ewigen Kurzsichtigkeit und Rückständigkeit leider nicht gezaudert hat. — Dann aber gibt es Schichten, sei es einfältiger Unwissenheit, sei es haßerfüllter Verzerrung, bei deren Anblick uns der Menschheit ganzer Jammer anfassen könnte. Vor allem keine Möglichkeit einer logischen Auseinandersetzung. Diese Menschen sehen sich von ungeheuern Kontrasten des Wohlseins umgeben und wollen es besser haben. Daß etwas zur Milderung zu geschehen habe, diktieren nicht nur Christentum und Menschenliebe, sondern auch nüchterne Erwägungen der Staatsräson. So übernahm denn kein geringerer als **Bismarck die Führung in der sozialen Fürsorgegesetzgebung.** Die Niedrigkeit der gegen ihn gerichteten Angriffe seitens der damaligen „liberalen" Wirtschaftsrichtung spottet jeder Beschreibung. Das Werk gelang, und Staat für Staat mit Einschluß Englands, mit alleiniger Ausnahme Amerikas ist dem Beispiel Deutschlands gefolgt. Wohl treten heute nach vierzigjähriger Erfahrung auch die Schattenseiten dieser Einrichtungen klarer in den Vordergrund. Greifen wir aus der ausgebreiteten Literatur hierüber einige kritische Bemerkungen heraus; z. B.

---

[1] Hierfür hat H. G. Wells in seiner fein abgewogenen, die Schwächen allzu kühner Neuerungspläne aufdeckenden Schrift: „New Worlds for old" den Namen „konstruktiver Sozialismus" geprägt.

[2] H. de Man bringt in seinem von vornehmer Denkart getragenen Werk „Der Kampf um die Arbeitsfreude" (Diederichs 1927), Belege für eine Arbeitergesinnung, die uns in ihrer Menschlichkeit überrascht und beglückt. So etwa (S. 171), wenn der Agitator, durch Bekundung freundlicher Gefühle seitens seines Direktors entwaffnet, in Tränen ausbricht und dies mit dem Spruch „einen Menschen den ich kenne, kann ich nicht hassen" begründet.

[3] Die religiöse Lage der Gegenwart. Berlin 1926; eine die weltlichen Verhältnisse unserer Zeit mit durchdringendem Verständnis schildernde Schrift, die der Beachtung des Ingenieurs — gänzlich abgesehen von ihrer religiösen Bindung — wärmstens empfohlen zu werden verdient.

die eines an sich durchaus menschenfreundlichen Arztes[1], der den selbstverständlichen Vorteilen jener Gesetzgebung bedenkliche Nachteile gegenüber stellt, die zugleich schärfste Vorwürfe an die Adresse der Arbeitnehmerschaft bilden:

Die **Krankenversicherung untergräbt die Mannhaftigkeit,** führt notwendig zu körperlicher und seelischer V e r w e i c h l i c h u n g. Die Krankheiten heilen bei Versicherten langsamer als bei nichtversicherten. Zusammen mit der U n f a l l v e r s i c h e r u n g hat sie die **Simulation** in ungeahntem Maße großgezogen, bis zu m e n s c h l i c h e r E n t a r t u n g. Beispielsweise heilten von zwei gleichen Knöchelbrüchen der eine bei einem Arzt in 6 Wochen, der andere bei einem Arbeiter in vier Monaten aus. Sogar ein Offizier, Träger eines uradligen Namens ist entrüstet, daß ihm für vollkommen unschädlichen Sturz aufs Gesäß nicht zehn Tage Arbeitsunfähigkeit bescheinigt werden, um damit das beschädigte Rad zu bezahlen. Eine blühende junge Frau mit unbedeutenden „Gliederschmerzen" nach einer Geburt, möchte ganze Wochen Arbeitsunfähigkeit zugesprochen haben und frägt erstaunt: „Ja aber Herr Doktor, können wir denn sonst nichts aus der Krankenkasse herausholen?" Wir unterlassen die Aufzählung weiterer Vorfälle dieser **allbekannten Art,** ebenso die stark parteiischen Klagen über die Benachteiligung und die moralischen Zwiespälte der Kassenärzte.

Der Arbeiterstand wird ferner schwer belastet durch die bei der Invaliditätsversicherung grassierende „**Rentenkrankheit**", die Sucht möglichst viel Rente „herauszuschlagen", die manchen schwachen Charakter durch unbezähmbare Gewinngier vollkommen zermürbt.

An manchen unleidlichen Verhältnissen ist die zunehmende **Arbeitsunlust** schuld, deren Behebung eines der **schwersten Probleme der Arbeitspsychologie** und **Betriebsorganisation** bildet. Eigentümlicherweise neigen über tiefere Einsichten in diese Materie verfügende Arbeiterfreunde nicht zu unbedingter Verurteilung der eintönigen „Repetitiv"arbeit[2], da unsere Nervenorganisation die Fähigkeit besitzt, sich wiederholende Bewegungen „automatisch" zu Gewohnheitshandlungen werden zu lassen, wodurch der Intellekt entlastet, sich anderweitig frei ergehen kann. Vielfach sei an der Arbeitsunlust die Geringschätzung des Arbeiters und der Handarbeit überhaupt schuld, die den Geltungstrieb des Arbeiters suggestiv herabsetzt[3]. Doch gibt es in der Arbeiterschaft auch echte Arbeitsfreude, so daß in einer Umfrage von H. de Man[4] 57 v. H. der Befragten sich zu ihr bekannten. In der Tat soll sich[5] die Oberschicht der neuzeitlichen Arbeiterschaft zu einer Abart der geistigen Arbeiter zu entwickeln beginnen, was allmählich zu einer Ablösung von der zurückgebliebenen untern Schicht führen müsse.

Der schwerste Vorwurf den man gegen den „vierten" Stand und seine Führer erhebt, ist jedoch seine Kulturfeindlichkeit oder zumindest Ver-

---

[1] L i e k, Dr. E. (Danzig): Der Arzt und seine Sendung. 8. Aufl. 1931. Lehmann, München.

[2] H. de Man: A. a. O. S. 219.

[3] Es kommen dabei auch mit der menschlichen Natur tief verwobene Naturinstinkte zur Geltung. So wenn ein Arbeiter (de Man a. a. O. S. 76) bekennt, der Zug, sich in der Natur sorgenfrei zu tummeln, sei immer übermächtig über ihn gekommen, wenn im April die Sonne höher zu steigen begann. Es ist dieselbe Stimmung der nach Max Brands zwar abenteuerlichen, aber doch der Wirklichkeit gut abgelauschten Romanen (z. B. Die Unbezähmbaren, Th. Knaur, Berlin) der Amerikaner des „Wild-West" erliegt.
Echt europäische Halunkentriebe hingegen wirken sich aus, wenn nach Mitteilung eines Arbeiters (bei de Man a. a. O., S. 73) der Reparaturschlosser eines Betriebes mit einem andern die Wette eingeht, eine Woche lang seinen Werkzeugkasten nicht aufzuschließen, und sie elegant gewinnt.

[4] A. a. O. S. 287.

[5] A. a. O. S. 237.

ständnislosigkeit. Wer wollte leugnen, daß das Hauptbestreben der sozialistischen Organisationen auf die Besserung der ökonomischen Lage, also eine rein materialistische „Kultur" ausgeht, wer aber wird sich hierüber wundern, angesichts des Kontrastes zwischen der wirtschaftlichen Lage dieser Klasse und den rasenden Verlockungen der Lebensführung der höheren Stände, insbesondere in Großstädten. Der Entscheid des Ingenieurs über den einzunehmenden Standpunkt wird davon abhängen, ob er die Unteren unter dem Bilde der „Horde" oder der „unentwickelten Heerde der Menschheit" erblickt. Nur wer selbst von unten heraufkam, fühlt die Zusammengehörigkeit; des eigenen Blutes Rauschen prägt sie ihm deutlich ein. Die stets von der Atmosphäre des Wohlstandes umgebenen hingegen machen oft geltend, daß wohl aus dem Handwerk und der Bauernschaft Talente emporsprießen, daß hingegen die Fabrikarbeiterschaft eine inerte Masse bilde, aus der keine geistigen Triebe höherer Qualität emporstreben. Wäre dem so, so wäre diese Feststellung eine furchtbare Anklage der eintönigen Fabrikarbeit, da doch jene Arbeiter noch vor wenigen Generationen auch dem Handwerker- oder dem Bauernstand angehörten und somit entsetzlich rasch degeneriert wären. Allein dem ist nicht so. In Ländern wie der Schweiz, deren Industrie vielfach Lehrlinge aufs Konstruktionsbüro zieht und sie zu Zeichnern ausbildet, zeigt sich, daß unter diesen Arbeitersöhnen große Talente vorkommen die sich Bahn brechen, daß überhaupt **Talente dort unten nicht dünner gesät sind, als in den besseren Ständen.**

So war denn unser Erdteil wohl beraten, als er sich entschloß, die Hebung der unteren Klassen unter staatlicher Führung energisch an die Hand zu nehmen. Die edelsten Triebe drängen nach der gleichen Richtung. Eine Vaterlandsliebe feurigster Art kann nicht anders als sich von diesen Ideen erfüllen zu lassen, denn sie wünscht ja das Wohl des Ganzen und darf auch gegen die Feststellungen der Rassenkunde (vgl. Abschn. IV, 1) nicht taub bleiben. So ist denn die Vereinigung von N a t i o n a l i s m u s u n d S o z i a l i s m u s eigentlich eine notwendige Folge neuzeitlicher Einsichten und muß wärmstens begrüßt werden, falls die beiden Bedingungen erfüllt werden: **Tiefste Aufrichtigkeit und Führung durch erleuchtete Geister.** Sie trüge dann auch das Gegenmittel in sich gegen Übersteigerungen des Individualismus im Völkerleben; denn soziale Gesinnung bedeutet Fühlung mit der Gesamtheit der Kulturwelt.

Die Rückkehr zu patriarchalischen Zuständen ist im Maschinenzeitalter gänzlich ausgeschlossen, und so muß auch der erwähnte menschenfreundliche Arzt gestehen (a. a. O. S. 91), daß man um die Notwendigkeit einer staatlichen Regelung nicht herumkommt (glaubt im übrigen bezeichnenderweise die B o d e n r e f o r m b e w e g u n g und das Zwangssparsystem als gangbaren Ausweg aus den Schwierigkeiten empfehlen zu dürfen).

Als Beispiel eines Reformvorschlages aus neuerer Zeit führen wir die verführerische These von Hartz[1] an, der als Mittel zur Gesundung die Beschaffung von

„Eigenbesitz für jeden Deutschen"

empfiehlt. Nach seiner Aufstellung (a. a. O. S. 150) bezahlt ein Arbeiter mit 36 RM. Wochenlohn vom 20. bis zum 60. Lebensjahr, einschließlich des Arbeitgeberanteiles,

für die Krankenkasse jährlich . . . . $\mathcal{RM}$ 112,32	
„ „ Arbeitslosenversicherung jährlich . . . . „ 56,16	
„ „ Invalidenversicherung jährlich . . . . „ 93,60	
Insgesamt jährlich $\mathcal{RM}$ 262,08	

---

[1] Irrwege der deutschen Sozialpolitik. Scherl 1928.

Würden diese Beiträge in einer Bank auf Zinseszinsen angelegt, so würde der Arbeiter bei Vollendung des 60. Lebensjahres eine Summe von M 33000 sein Eigentum nennen. Bei einer Verzinsung von 5% würde er hieraus eine Kapitalrente von M 1650 jährlich oder fast 32 M wöchentlich, also ebensoviel beziehen, als heute sein Nettoarbeitsverdienst beträgt. Außerdem könnte er seinen Kindern 33000 M Vermögen zurücklassen. — Auf meine Erkundung, warum keine Regierung bis jetzt diese einfache Rechnung angestellt und entsprechende Vorschläge ihrem Parlament unterbreitet hat, wird mir von fachmännischer Seite mitgeteilt, daß der Staat die jeweiligen Renten, die er den Versicherten zu zahlen hat aus den ihm unmittelbar zufließenden Jahresbeiträgen der noch nicht bezugsberechtigten Versicherten bestreitet. Im andern Fall müßte ein Milliardenfond geschaffen werden, aus welchem während etwa 40 Jahren die heute in Deutschland etwa 2,5 Milliarden jährlich ausmachenden regulären Renten (obendrein abgesehen von der gegenwärtig außergewöhnlich hohen Arbeitslosenunterstützung) zu zahlen wären. Man erkennt, daß die offenbar gut gemeinten aber dilettantischen Vorschläge vorderhand an finanziellen Klippen scheitern.

Was not tut, sind vernünftige Reformen zur Abschaffung der erkannten Übelstände, gerechte Verteilung der Lasten und vor allem ein Geschmeidigmachen der Staatsverwaltung durch Aufnahme gewisser in der Privatindustrie glänzend bewährter Grundsätze, wie Erhöhung der Verfügungsgewalt und zugleich der Verantwortlichkeit der staatlichen Organe. Die neuere Entwicklung des Parlamentarismus in Europa scheint sich deutlich diesem Fortschrittsgedanken zuzuwenden.

Amerika war im besten Zuge, die soziale Frage dadurch zu lösen, daß es jeden seiner Bürger zum Kapitalisten machte. Hätte die berühmte „Prosperität" genügend lange angedauert, so wären fast alle Arbeiter vermöge des Systemes der „Abzahlungen" schließlich Besitzer eines Hauses mit Garten, einer „weekend-Hütte", eines Auto, Radio u. a. geworden. Von da an hätten sie ihre Überschüsse in Sparkassen als „Kapital" anlegen können. Die mit dem ungeheuren Börsenniederbruch Ende 1929 einsetzende Krise hat diese Entwicklung schmerzlich unterbrochen und erst die Zukunft wird lehren, ob der reichste Staat der Welt zukünftig solche Erschütterungen vermeiden und ohne Intervention des Staates ertragen kann. Vorläufig nagt an seinem Mark die unheimlichste Ausbreitung eines grausigen, die Technik souverän beherrschenden und mißbrauchenden Verbrechertums.

Wir in Europa stehen augenblicklich unschlüssig und ratlos am Scheidewege. Erst die jüngste Vergangenheit brachte uns mit Wucht die Labilität der Wirtschaftsverhältnisse in der ganzen Welt zum Bewußtsein. So wie man in einer unterkühlten Dampfatmosphäre durch Hinzufügung eines einzigen Flüssigkeitstropfens stürmischen Umsturz in einen neuen Zustand hervorrufen kann, so genügte bei der Verflechtung der Handelsbeziehungen der Welt, insbesondere wegen der berüchtigten „kurzfristigen Kredite" ein Tropfen Mißtrauens, um die katastrophale **Finanzpanik** zu erzeugen, unter deren Folgen die Welt leidet. Und die Entschlüsse, die während solchen Umsturzes in rasender Eile zu fassen sind, müssen von Millionen gleichsam „Atomgehirnen" aus irgendeinem vagen Gefühl heraus gefaßt werden: können sie anders als planlos durcheinander wirbeln?

Dabei erhalten auch gewissenlose Wirtschaftselemente freie Bahn zur Entfaltung schändlicher Umtriebe, wie durch das mutige Auftreten Präsident Hoovers gegen die Spekulanten am amerikanischen Weizenmarkt (Verkäufe ohne Deckung) dokumentiert wird, denen er die Absicht vorwirft, **an den Verlusten anderer Leute zu verdienen**[1]. Wimmelt es in Gerichts-

---

[1] Kann die Spekulation, genauer besehen, überhaupt in anderer Weise Profit herauswirtschaften?

verhandlungen nicht von Feststellungen über betrügerisches Gebahren einflußreichster „Wirtschaftsführer", die in gewissenlosester Weise mit dem Gut einer vertrauensseligen Kundschaft mißwirtschaften? Seit Menschengedenken wurde eine solche Häufung bodenloser Verantwortungslosigkeit nicht erlebt[1].

Eine andere Quelle unserer Schwierigkeiten ist die **Fehl-** oder **Überrationalisierung**, die bewirkt, daß die Warenmenge, die erzeugt werden kann, wegen des Wettbewerbes ebenfalls rationalisierter Konkurrenzunternehmungen vom Markte nicht aufgenommen wird.

Solches wird immer vorkommen, wenn jeder Einzelne die Umstellung auf sein Konto durchführt, da er in der freien Wirtschaft hoffen darf Mitbewerber durch Tüchtigkeit zu überflügeln. Daher kann auch der Industrie von diesem Standpunkt aus, wegen des „Einfrierenlassens" von aufgenommenen Krediten kein Vorwurf gemacht werden. Da es sich aber (siehe Ford) um Investionen gewaltiger Kapitalien handelt, gleicht dieser Kampf einem **Hazardspiel mit ungeheuren Einsätzen** und es kann der Volksgemeinschaft nicht gleichgültig sein ob dabei große Werte verloren gehen oder nicht. Die Abhilfe aber kann nicht etwa im unterschiedslosen Verbot der Rationalisierung bestehen. Man wird uns hoffentlich unsern arbeitsparenden **Mähdrescher nicht zerschlagen** wollen, wie einst die Fuldauer Bauern das Dampfboot Papins zerschlagen haben.

So gelangt die Technik von sich aus zur Forderung einer „Planwirtschaft", deren Leitung gewiß nicht den „verstaubten Gehirnen" einer bürokratischen Staatsmaschinerie aber wohl auch kaum den heute ratlosen und verbrauchten „Wirtschaftsführern" allein, sondern bloß einer geeigneten Mischung neuer Faktoren anvertraut werden kann. Wenn diese **Planwirtschaft** im Gegensatz zur heutigen **„Blindwirtschaft"** nicht nur Gut- und Schlechtwetterprognosen stellen, sondern zu Zahlenschätzungen des Wirtschaftsflusses befähigt sein soll, so gerät sie in die Sphäre ingenieurmäßigen Denkens (funktionale Schaulinien-Entwürfe, formelmäßige Präzisierung u. ä.) und dürfte dem zu schaffenden **Wirtschafts-Ingenieur** ein Feld der Betätigung eröffnen[2]. Das Hauptziel muß die Herstellung eines vernünftigen Gleichgewichts zwischen Produktion und Verbrauch, also hauptsächlich Vermeidung der Überproduktion sein, die die eigentliche Ursache der **Welt-Arbeitskrise** ist, und lange vor der Finanzkrise bestand. Auch wenn die Rivalität der Länder, die gleiche Waren erzeugen (beispielsweise Argentiniens, Canadas, Rußlands betreffs des Weizens), irgendwie überbrückt werden könnte, so wäre damit indes das Hauptproblem nicht gelöst.

Der Fortschritt der Rationalisierung bringt es nämlich mit sich, daß man die Herstellung der für den Lebensunterhalt (Nahrung, Wohnung, Kleidung) erforderlichen Güter mit einer immer geringer werdenden Zahl von Arbeitern wird bestreiten können. Welche Vorstellung haben wir uns dann von der Zukunftsgestaltung auf lange Frist hin zu bilden? Die eine Möglichkeit ist die **Beibehaltung des entartenden Arbeitslosenheeres oder aber** eine Herabsetzung

---

[1] Weitere Zeichen der Empörung sind offenmütige Äußerungen unverdächtiger Persönlichkeiten aus dem öffentlichen Leben der als nüchtern (d. h. real denkend) verschrieenen Schweiz. Dr. Walter, Präsident des Nationalrates, konservativ-katholischer Politiker sagt (Schweiz. Illustr. Zeitung, August 1931): Eine Wirtschaftsorganisation, die nichts als die Sicherung des Profites bezweckt, ist unhaltbar geworden, daher Versagen der Kartelle, Trusts u. a. Und der angesehene Schweizer Bauernsekretär Prof. E. Laur äußert am gleichen Orte: Die kapitalistische Organisation der Wirtschaft, oder besser, die freie Konkurrenz des einzelnen Unternehmers ist den Aufgaben der heutigen Wirtschaft nicht mehr gewachsen....

[2] Damit erhöht sich die Berechtigung der an Technischen Hochschulen zur Geltung gelangenden Bestrebungen mit kaufmännischer Ader ausgestatteten Ingenieurkandidaten Gelegenheit zu entsprechender Ausbildung zu gewähren.

der **Arbeitszeit** — der täglichen allein oder in Verbindung mit früherem Antritt der Altersrente, gemäß weiter unten erwähnten französischen Vorschlägen[1]. Die zweite Möglichkeit ist, daß die **Technik** (und immer wieder nur sie) in die Lücke einspringt, indem sie **neue Bedürfnisse weckt und zugleich befriedigt,** wodurch einer größeren Zahl von Werktätigen, Ingenieure eingerechnet, eine angemessene, feste, ehrbare Ziele gewährende Tätigkeit eröffnet werden kann. Da es sich nicht mehr um die Befriedigung der Notdurft allein handelt, spielen diese neuen Bedürfnisse teils in die Sphäre des Luxus und des Genusses, teils in die Sphäre des Geistigen (Künstlerischen usf.) hinein.

Die Signatur einer baldigen Zukunft muß und wird ja hoffentlich heißen: **zunehmender Wohlstand, wachsendes Jahreseinkommen** von jedermann. Rohstoffe, Arbeitshände, Maschinen — alles ist in Überfluß vorhanden. Sollen wir also nur weil die atomistisch zersplitterte wirtschaftliche „Vernunft" (?) derzeit keinen Ausweg findet, dauernd darben? Aber Aufgabe der geistig Führenden wird es sein: der drohenden Verflachung in grobe Genußsucht entgegenzuarbeiten und auch der Menge das Geistige näherzubringen[2]. Durch den **Glauben an die verborgenen Anlagen zur Geistigkeit** der Menge scheidet sich der Ingenieur, der sie in unmittelbarer Berührung schon während seines freiwilligen Arbeitsjahres kennen zu lernen Grund und Gelegenheit hatte, von den Philosophen des Unterganges[3].

Von inzwischen aufgetauchten praktischen Heilungsvorschlägen verdienen, weil von amerikanischer Seite kommend, die Auslassungen Lewis L. Lorwins[4] Beachtung, der den „anarchischen Widersinn, daß Millionen Menschen, arbeitslos gegen ihren Willen, Hunger leiden trotz der Bereitschaft, Arbeit gegen Brot einzutauschen", durch neue Methoden kollektiver Zusammenarbeit ein Ende setzen will. Umsonst ereifern sich Zeitungsreferenten gegen seine Anklage, unsere Notlage komme in der Hauptsache vom „economie individualism" her. Die Eckpfeiler seines „Five year World Prosperity"-Planes sind: Fünfjähriges allgemeines Moratorium, Anleihen, Aufteilung der Weltabsatzmärkte, eine nationale „progressivsoziale" Planwirtschaft und ein Weltplan-Wirtschaftsrat. Aus solcher Neuordnung soll neues tatenfrohes Lebensgefühl entsprießen.

---

[1] Der heuchlerischen Besorgnis, daß die Vermehrung der freien Zeit den Arbeiter sittlich zugrunderichten würde, steht die jedermann zugängliche Erfahrung gegenüber, wie sehr die Mehrheit auch der Arbeiter an einem freien Nachmittag von einem Spaziergang, einem Sportspiel, sogar einem Bibliotheksbesuch u. ä. mehr angelockt wird, als von Wirtshausfreuden. Wenn es aber anders wäre, müßte man um so mehr gänzliche Arbeitslosigkeit zu vermeiden suchen.

[2] Ein Beispiel für solche Aufgaben ist die Lichtbildbühne, die durch ihre schier märchenhafte Verbreitung und Billigkeit unendlich viel Gutes in die dunkelsten Arbeiterviertel oder in schlafende Provinzstädte zu tragen vermöchte. Wie sehr sie zum Gegenteil davon, zu einer **sex-appeal-Animierkunst** im besten Fall zu „amüsierender" Technik geworden, zeigt die Beobachtung des Alltages. Und so muß der denkende Mensch immer und immer von neuem erleben, wie die **Verschlagenheit** tiefstehender Spekulation auf **menschliche Gemeinheit** unter dem Schutze des privatwirtschaftlichen Profitinteresses (und des laxen „laissez faire, laissez aller") das herrliche Gotteskind, die Technik, mißbraucht, ja prostituiert. Dabei wird etwa von philosophischer Seite doch ihr die Schuld in die Schuhe geschoben, denn sie habe dem Seelenvampir „**Gelegenheit** zu seiner blutsäugerischen **Tätigkeit geboten",** sie ist „**die Verführerin".** Doch wirken auch die Kräfte der besseren Einsicht und des Guten im Stillen weiter, und es ist zu hoffen, daß jene Seuchen, die wie ein Geschwür im Volkskörper eitern, überwunden werden.

[3] Er wird daher auch Ortegas verachtungsvolle Herabsetzung dieser Masse (in seinem zweifelsohne geistreichen Buch „Der Aufstand der Masse") nicht teilen, denn diese Masse ist vorläufig geformt durch Verhältnisse, die es eben zu ändern gilt.

[4] Vom Washingtoner „Institute of Economics of the Brookings Institution" in seiner Ansprache am „World Economic Congress" in Amsterdam, Sommer 1931; nach N. Zürch. Z. 10. Sept. 1931.

Überraschend für die **privatwirtschaftliche Seite** von der sie kommen, sind in Frankreich empfohlene Vorschläge[1], die Altersversicherung der Arbeiter so umzugestalten, daß diese schon mit 55 Jahren ein für das Auskommen hinreichendes Ruhegehalt beziehen könnten, um auf diese Weise die mit Arbeit zu versehende und versehbare Zahl der „Hände" herabzusetzen. Gegenüber der Verkürzung der täglichen Arbeitszeit, die indessen auch **kommen muß und kommen wird,** hätte der Vorschlag den Vorteil, nicht die in ihrer Vollkraft stehenden Jugendlichen aus der Arbeitsarmee auszuscheiden, sondern mehr oder weniger ermüdete, verbrauchte Glieder (obschon die Altersgrenze von 55 Jahren viel zu tief angesetzt ist). Richtig ist, daß dieser Modus Schwierigkeiten beseitigen würde, die sonst bei der Regelung der landwirtschaftlichen Tagesarbeitsdauer auftauchen.

Die Gegenwart bildet einen einzigartigen, vielleicht nie wiederkehrenden Augenblick zum Versuch einer **Weltverständigung,** weil Amerika wirtschaftlich genau so heimgesucht ist wie Europa, also nicht abseits stehen bleiben kann. Die große Tat, die geschehen sollte, wird aber nicht geschehen, denn sie setzt zuviel Einsicht und einen dem **Völkeregoismus** fremden Opfersinn voraus[2]. Höchstens Weltkartelle wären denkbar[3], die sich aber nach den zitierten Ausführungen Bonns zu einem zweifelhaften Geschenk entwickeln könnten. Der wirtschaftliche Krieg Aller gegen Alle, das Niederkämpfen des Schwächsten, wird also fortgesetzt werden, und Spengler mag jubilieren: für die allernächste Zukunft behält er unbedingt Recht[4].

So steht die Welt gegenwärtig nicht zuletzt wegen fehlgeleiteter Auswirkungen unserer herrlichen Technik unter Spannungen, wie sie seit Jahrhunderten nicht bestanden; sie mahnen das Weltgewissen mit ungeheurer Wucht, um die Klärung und Lösung der entsetzlichen Gegensätze, die die Menschheit in Bedrängnis gebracht haben, mit aller Kraft besorgt zu sein. Der, in diesen Zwiespalt hineingestellte Ingenieur, muß neben der Sorge um seine technisch **wissenschaftliche Aufgabe, den Kampf nach zwei Fronten, gegen oder richtiger für** zwei sich aufs Messer bekämpfende Parteien aufnehmen, denn er strebt ja Ordnung und Harmonie an. Wird er zwischen zwei so gewaltigen Mühlsteinen nicht einfach zerrieben? Täte er nicht besser die Hand aus dem Spiel zu lassen? Und wäre nicht das Beste, einen Beruf der so widersprechende, aufreibende Anforderungen stellt,

---

[1] Z. B. im Matin, wiederholt Okt.—Dez. 1931.

[2] Man hat uns eingeredet geschichtlich in der „Neuen Zeit" zu leben; in Wahrheit stecken wir in tiefstem Mittelalter. Der Kampf der Völker gegeneinander, der sich zum inneren Klassenkampf gesellt und heute insbesondere mittels der Zölle geführt wird, droht mit tragischen Folgen für die kleineren Staaten, die auf die friedliche Verkettung der Welt vertrauend, sich einseitig auf Industrie oder auf Landwirtschaft festgelegt haben. Offenbar werden kleine Industriestaaten die Einfuhr von Nahrungsmitteln von der Abnahme entsprechender Mengen ihre Industrieerzeugnisse abhängig machen müssen; eine teilweise Rückkehr zum Tauschhandel, die nur durch weitere Ausdehnung staatsozialistischer Organisation ermöglicht wird. Die größte Gefahr droht ihnen von der sog. Autarkie der Großstaaten, die berechtigt ist, solange es gilt leidende Volksklassen zu schützen; grundsätzlich angestrebt, bedeutete sie einen Rückschritt in der Lebenshaltung der ganzen Welt, und Rückschraubung der Zivilisation.

[3] Wie ein solches unter amerikanischer Führung für die elektrotechnische Industrie im Werden begriffen sein soll.

[4] Manche glauben, daß die wirtschaftliche Stagnation einen ähnlich schleppenden Verlauf nehmen werde, wie die nach 1873, die mit Schwankungen fast 20 Jahre dauerte. Andere sehen noch dunkler, weil mit dem Heraufrücken der zahlenmäßig reduzierten Nachkommenschaft der Kriegs- und Nachkriegsjahre ins heiratfähige, d. h. Konsumenten-Alter, die verminderte Nachfrage die wirtschaftliche Lage weiter verschlechtern müsse.

solange Wahlmöglichkeit besteht, überhaupt zu meiden? Alljährlich sah ich als
Dozent kleine Gruppen der Studierenden von der Technik weg sich in die Physik
und die weitaus ruhigere Stellung eines Mittelschul- oder Technikumlehrers
flüchten. Sollen wir diese Tendenz unterstützen?

Dies ist eine Weltanschauungsfrage die erst beantwortet werden kann, wenn
wir eine Übersicht über jene wie friedliche Buchten daliegenden Wissensgebiete
gewonnen haben und beurteilen können, was dort an Pflichten auferlegt und
an Werten geboten wird. Dabei wenden wir uns zunächst zu den abstrakten
Gebieten der neueren Physik, an deren Spitze die Relativitätstheorie steht.

III. Die Triumphe des Intellektes und seine Grenzen.

Die Überschrift will Taten hervorheben in welchen höchste Intensität, Ursprünglichkeit und weittragendste Bedeutung rein intellektueller Denkarbeit zu überwältigendem Ausdruck gelangten. Als solche darf man erstens die Einsteinsche Relativitätstheorie hinstellen, die nach heute wohl einstimmigem Urteil der Berufenen eine Epoche gleicher oder größerer geistiger Bedeutung darstellt, wie die von Euklid, Galilei, Newton vollbrachten Erweiterungen unserer Naturerkenntnis. Ferner die erstaunliche Entwicklung der neuzeitlichen Physik.

Die Würdigung dieser Theorien im Rahmen des Vorhabens dieser Schrift macht ein Eingehen auf die Grundlagen (und nur auf diese) erforderlich[1]. Um nicht bloß dilettantische Beschreibung zu bieten, wird die Darstellung auch von Mathematik Gebrauch machen, ist aber stellenweise so breit angelegt, daß der Ingenieur ihr mit etwas Konzentration mühelos folgen kann.

1. Die „spezielle" Relativitätstheorie.

Einstein begann mit der „speziellen" oder beschränkten Relativitätstheorie in welcher der Einfluß geradlinig gleichförmiger Bewegung auf die Gesetze physikalischer Vorgänge untersucht wird. Daß jede Bewegung ein relativer Vorgang ist, dürfte schon dem Laien klar sein, wenn er überlegt, wie oft er, in einem Eisenbahnwagen sitzend, nicht unterscheiden konnte, ob der auf dem Nebengeleis sich befindliche Zug fährt oder er selbst. Die Relativitätstheorie fordert indessen weit mehr, nämlich: die nachdrückliche Verneinung der absoluten Bewegung. Ein außerhalb der entferntesten Materie beobachtender jenseitiger Geist könnte feststellen, ob sich mein Zug wirklich ihm gegenüber bewegt, oder vielleicht umgekehrt das ganze Universum sich gegensätzlich verschiebt und der Zug ruht. Bei jeder geringfügigsten Verschiebung eines Gegenstandes ist es mir unmöglich zu unterscheiden, ob er der Bewegte ist oder das Universum; — da aber der jenseitige Beobachter nicht existiert und wenn ja, nur einen Bestandteil des Universums ausmachen würde, so bleibt es einfach bei der Feststellung: eine „absolute" Bewegung ist undenkbar; jede Bewegung ist ein „relativer" Vorgang.

Trotz des Hereinziehens des Universums in diese Definitionen (die in populären Büchern nicht genügend hervorgehoben zu werden pflegt), würde die Relativitätstheorie nie die epochemachende Bedeutung erlangt haben, wenn sie

---

[1] Eine ausgezeichnete Darstellung, die sich nicht an mathematisch ganz ungebildete Laien wendet, findet der Leser in M. Born: Die Relativitätstheorie Einsteins. Berlin: Julius Springer 1922. Für das Verständnis unserer Ausführungen, die rechnerisch etwas weiter gehen, wäre die Einsichtnahme in dieses Werk empfehlenswert.

Mathematisch geschulte Leser finden eine auch pädagogisch unübertrefflich feine Darstellung der Einsteinschen Lehren in dessen „Vier Vorlesungen über Relativitätstheorie. Braunschweig: Vieweg & Sohn 1923. Ganz abstrakt aber von höchster Vollendung ist: Weyl: Raum-, Zeitmaterie. Berlin: Julius Springer 1923.

nicht gezwungen gewesen wäre sich mit einer zweiten Erscheinung auseinander zu setzen, die zu den erstaunlichsten Tatsachen der physischen Welt gehört: **der Konstanz der Lichtgeschwindigkeit (im Vakuum).** Die ungeheure Merkwürdigkeit dieser Tatsache tritt klar hervor, wenn wir sie mit der Ausbreitung des Schalles vergleichen. Der Schall pflanzt sich in einem elastischen Medium, z. B. der Luft, so fort, daß angrenzende Teile desselben nacheinander von der Erschütterung ergriffen werden die in einer Sekunde bei Atmosphärenzustand einen Weg von (grob abgerundet) etwa 300 m zurücklegt. Betrachten wir beispielsweise eine Schallquelle, die im Raume ruht, und in dem Augenblick in Tätigkeit versetzt wird, wo der letzte Wagen eines Eisenbahnzuges an ihr vorbeifährt. Die entstehende Schallwelle wird in 1 Sekunde relativ zum Außenraum eine Strecke von 300 m zurücklegen, gegenüber dem fahrenden Zuge jedoch: 300 m weniger die Strecke — sagen wir 50 m —, um die sich der Zug inzwischen fortbewegt hat. Ein mit dem Zuge fahrender Beobachter wird mithin eine Fortpflanzungsgeschwindigkeit des Schalles von 250 m dem Zug gegenüber feststellen können.

Wenn jedoch der Zug eine mit Böden versehene Röhre bildet an deren hinterem Ende wir Schall erregen, so würde dieser im Inneren auch 300 m i. d. Sekunde zurücklegen, weil die in der Röhre eingeschlossene Luft mitbewegt wird, und der Schall sich **relativ zu dem ihn tragenden Medium, hier der Luft mit stets gleicher Geschwindigkeit fortpflanzt.**

Nun wiederholen wir diese Demonstration mit einer gleich gelegenen Lichtquelle. Um den Vorgang 1 Sekunde lang beobachten zu können, brauchten wir allerdings einen Zug oder eine Röhre von 300 000 km Länge, was aber für ein Gedankenexperiment nichts ausmacht. In Erinnerung an den alten Äther, als dessen Vibration das Licht früher angesehen wurde, wird man erwarten, daß die Lichtgeschwindigkeit im Inneren gleich bleibt in der Annahme, daß der Äther die Bewegung der Röhre mitmacht, was durch den Versuch **scheinbar** bestätigt wird. Wie aber, wenn wir die Fortpflanzung im Außenraum, wo der (Welt-)Äther ruht, vom Zuge aus beobachten? Da stellt sich die unbegreifliche Tatsache heraus, daß wir stets die gleiche Lichtgeschwindigkeit feststellen. Je rascher sich der Zug von der Lichtquelle entfernt, desto mehr beeilt sich der Lichtstrahl (scheinbar) ihm nachzukommen. Dies wurde mit größter Genauigkeit endgültig durch den berühmten Versuch von Michelson erwiesen, der als fahrenden Zug die Erde selbst in ihrer Drehung um die Sonne benützte. **Daraus folgt, daß die Ausbreitung des Lichtes nicht in einer elastischen oder elektromagnetischen oder sonstigen Störung irgendeines gegen die Außenumgebung ruhenden Mediums bestehen kann.** Es kann aber das Licht auch nicht aus fortgeschleuderten Partikeln irgendwelcher Art bestehen, denn wenn deren Geschwindigkeit der Umgebung gegenüber c Meter i. d. Sek. wäre, so müßte man relativ zu dem mit v meter i. d. Sek. bewegten Zuge wieder eine Fortpflanzungsgeschwindigkeit $c-v$ feststellen. Worin also besteht das Wesen des Lichtes und wie ist die Konstanz seiner Ausbreitungsgeschwindigkeit zu erklären? Den ersten Teil dieser Frage läßt die Relativitätstheorie als tiefstes Naturgeheimnis auf sich beruhen und befaßt sich mit der Erklärung des zweiten, wobei das Wesen der Überlegungen Einsteins in Kürze wie folgt wiedergegeben kann werden.

Die Geschwindigkeit der Ausbreitung irgendeines Vorganges wird bestimmt, indem man mittels Maßstäben die Länge des Weges x ausmißt, die die Störung während einer Zeit t zurücklegt, die man durch Uhrenbeobachtung feststellt. Dann ist die Geschwindigkeit für den ruhenden Beobachter

$$c = \frac{x}{t} \qquad (1)$$

für den Beobachter im Zuge

$$c' = \frac{x'}{t'} \qquad (2)$$

wobei, da wir x und x' zur Zeit $t = t' = 0$, beide $= 0$ voraussetzen, offenbar x' kleiner ist als x, während wir den Endpunkt der Zeitdauer für beide Beobachter als gleich vorschreiben, damit die Messung der Ankunft der Lichtsignale gleichzeitig erfolgt. Wenn nun im Zuge die gleichen Maßstäbe und Uhren verwendet werden, wie außen, so müßte, falls diese sich innen und außen gleich verhalten, offenbar

$$c' < c$$

werden. In Wahrheit ist es eine physikalisch streng erwiesene Tatsache, daß man $c' = c$ erhält; wie kann dies erklärt werden?

Hier setzen die grundlegenden Überlegungen von Einstein ein: Bei Gleichheit von t und t' müßte offenbar die Länge l' größer werden, d. h. die im Zuge befindlichen Maßstäbe müßten zusammenschrumpfen, damit eine größere Maßzahl von Metern für die Länge l' herankommt. Wenn aber durch bloße Fortbewegung Änderungen von Maßstäben bewirkt werden sollen, so schloß Einstein auch auf eine Beeinflussung der Uhren und gelangte zu der bekannten fundamentalen Änderung des Zeitbegriffes auf folgendem abkürzend veranschaulichtem Wege.

Die Meßergebnisse $x'\,t'$ der im Zuge befindlichen Beobachter müssen von den in der ruhenden Umgebung festgestellten Werten x, t linear abhängen, da wir den Raum als isotrop voraussetzen müssen, d. h. doppelt so großen Werten x, t müssen auch doppelt so große Werte x', t' entsprechen. Setzen wir also

$$x' = a\,x + b\,t \qquad (3)$$
$$t' = \alpha\,x + \beta\,t \qquad (4)$$

so ist zu prüfen, ob sich die Unbekannten a, b, α, β, aus der Forderung $c' = c$ bestimmen lassen.

Die Lorentzschen Transformationsgleichungen. Die Durchführung dieser Rechnung ist so verblüffend einfach, daß wir sie mit Rücksicht auf die umwälzenden Ergebnisse dem Ingenieur nicht vorenthalten können. Dabei ist zu beachten, daß die Messung von c ebenso gut in einer zum Zuge schiefen Richtung erfolgen könnte, so daß man mit drei Raumkoordinaten x, y, z, bzw. x', y', z', außen die Entfernung $r^2 = x^2 + y^2 + z^2$; innen $r'^2 = x'^2 + y'^2 + z'^2$ zu rechnen hätte. Wir bleiben bei der Messung in Richtung von x bzw. x' allein, entnehmen aber dem allgemeinen Ansatz, daß man die Quadrate dieser Größen einführen, d. h. die Bedingung $c = c'$ durch $c^2 = c'^2$ ersetzen muß, was zur Forderung

$$\frac{x'^2}{t'^2} = \frac{x^2}{t^2} = c^2 \qquad (5)$$

führt. Diese Doppelbedingung kann man auch so aussprechen, daß, wenn man in die Gleichung

$$x'^2 - c^2\,t'^2 = 0 \qquad (6)$$

die Formeln 3 und 4 einführt, daraus die Gleichung

$$x^2 - c^2\,t^2 = 0 \qquad (7)$$

entstehen müsse. Bevor wir die Rechnung erledigen ist zum Ausdruck zu bringen, daß der Zug, — allgemeiner das Koordinatensystem $X'\,Y'\,Z'$ — sich gegenüber dem festen Koordinatensystem $X\,Y\,Z$ mit der Geschwindigkeit v in Richtung der X-Achse bewegt. Das bedeutet, **da für** $t = 0$ **die Anfangspunkte der beiden Koordinatensysteme zusammen fielen,** daß der Punkt $x' = 0$, dem nach (3) $x = -\,(b/a)\,t$ entspricht die Geschwindigkeit $v = dx/dt$ aufweist, was die Beziehung

$$v = -\,\frac{b}{a} \quad \text{oder} \quad b = -\,v\,a \tag{8}$$

ergibt und Gl. (3) sich in $x' = a\,(x - v\,t)$ ändert. Das Einschieben in Gl. (6) führt nun auf

$$(a^2 - \alpha^2\,c^2)\,x^2 - 2\,(a^2\,v + \alpha\,\beta\,c^2)\,x\,t - (\beta\,c^2 - a^2\,v^2)\,t^2 = 0$$

Um mit Gl. (7) zu übereinstimmen, muß mithin

$$a^2 - \alpha^2\,c^2 = 1; \quad a^2\,v + \alpha\,\beta\,c^2 = 0; \quad \beta\,c^2 - a^2\,v^2 = c^2 \tag{9}$$

sein. Wenn wir aus der zweiten dieser Gleichungen α und dann aus der dritten β^2 in die erste einschieben, entsteht (die positive Wurzel benützend)

$$a = \frac{c}{\sqrt{c^2 - v^2}} = \frac{1}{\sqrt{1 - v^2/c^2}} \tag{10}$$

und mit Hilfe hiervon $\beta = \pm\,a$, gewählt $= +\,a$ worauf $\alpha^2 = \dfrac{v^2}{c^2\,(c^2 - v^2)}$, und da nach der zweiten der Gl. (9) $\alpha\,\beta$ negativ sein muß

$$\alpha = -\,\frac{v}{c^2\,\sqrt{1 - v^2/c^2}} \tag{10a}$$

Die endgültigen Transformationsgleichungen, die man in Würdigung wichtiger Vorarbeiten des holländischen Physikers Lorentz als Lorentz-Substitutionen bezeichnet, sind mithin

$$x' = \frac{x - vt}{\sqrt{1 - v^2/c^2}} \qquad \text{und deren} \qquad x = \frac{x' + vt'}{\sqrt{1 - v^2/c^2}} \tag{11}$$

$$t' = \frac{t - v\,x/c^2}{\sqrt{1 - v^2/c^2}} \qquad \text{Auflösungen} \qquad t = \frac{t' + vx'/c^2}{\sqrt{1 - v^2/c^2}} \tag{11a}$$

Zu diesen tritt im allgemeinen Fall, wie eine Wiederholung des Gedankenganges lehrt,

$$y' = y; \quad z' = z \tag{11b}$$

und es wird allgemein der Ausdruck

$$s^2 = x^2 + y^2 + z^2 - c^2\,t^2 \tag{11c}$$

gegenüber Lorentz-Substitutionen eine „Invariante".

Aus diesen Gleichungen folgen die erstaunlichen Lehrsätze über die Kürzung bewegter Maßstäbe und Verzögerung des Uhrenganges durch gleichförmige Bewegung. Der begreifenwollende Geist gerät in heillose Verwirrung, sobald er sich bemüht, den Inhalt jener Sätze mittels der aus unzulänglichen Erfahrungsbildern biologisch gewonnenen „Anschauung" sich „vorzustellen". **Es kann hiervor nicht dringend genug gewarnt werden.** Ein „Verstehen" der Relativität bedeutet nur die genaue Vergegenwärtigung der Grundlagen, die zu den Gl. (11) führten und eine exakte Interpretation derselben. Die „Anschauung" ist hierzu außerstande, weil für diejenigen Strecken, die sie vermöge der Sinnesorgane zu „überblicken" vermag, die Lichtgeschwindigkeit praktisch als unendlich groß angesehen werden kann.

In Wahrheit ist aber die Lichtgeschwindigkeit endlich und hierauf beruht Einsteins berühmter Satz von der **Relativität der „Gleichzeitigkeit".** Man denke sich im festen System eine Anzahl ursprünglich völlig gleicher Uhren angeordnet, die man auf Synchronismus in der Weise einstellt, daß von einer Uhr A in einem bestimmten Augenblicke ein Lichtsignal zu der im Abstand l befindlichen Uhr B abgesandt wird. Im Augenblick des Eintreffens muß die Uhr B eine Zeigerstellung aufweisen, die von der bei A um die Zeit abweicht, die der Lichtstrahl zum Zurücklegen des Weges l benötigt hat. Es muß also

$$t_{\text{in } B \text{ beim Eintritt des Signals}} = t_{\text{in } A \text{ beim Absenden des Signals}} + \frac{l}{c}$$

oder: wenn wir den Strahl bei B reflektieren und er zur Zeit t'_A in A anlangt, so muß

$$\tfrac{1}{2}\left(t'_A + t_A\right) = t_B.$$

In gleicher Weise werden die Uhren im bewegten System einreguliert. Insbesondere darf man auch annehmen, daß, wenn jenes System S' ursprünglich ruht, es mit S zusammenfällt, so daß sämtliche Uhren in beiden Systemen ursprünglich synchron laufen.

Sobald die Bewegung eine noch so kleine Zeit, t in S gemessen, gedauert hat, unterscheiden sich die Uhranzeigen. Man findet beispielsweise bei $x' = 0$ aus (11) $x = vt$, mithin nach (11a)

$$t' = \frac{t - \dfrac{v}{c^2}\,v\,t}{\sqrt{1 - (v/c)^2}} = \sqrt{1 - \frac{v^2}{c^2}} \cdot t \qquad (12)$$

Die Anzeige der Uhr U' bei $x' = 0$ ist kleiner, als die Anzeige der Uhr U im System S, die **ursprünglich gleich beschaffene Uhr geht infolge ihrer geradlinigen gleichförmigen Bewegungen langsamer.** Die ursprünglich vorhandene „**Gleichzeitigkeit**" wird im **Laufe der Zeit immer mehr aufgehoben.**

Welches sind die Kräfte, die während der einfachsten, harmlosesten Bewegung, die denkbar ist, den Uhrengang ohne Rücksicht auf die Beschaffenheit der Uhr in dieser Weise beeinflussen? Auch hierüber schweigt die Relativitätstheorie. Sie begnügt sich **festzustellen, daß die Uhr wunderbarerweise langsamer gehen muß,** damit man das **Wunder der stets gleichen Geschwindigkeit des Lichtes** erklären könne.

Die Längsschrumpfung. Damit nicht genug! Stellen wir zwei Beobachter im ruhenden System bei x_1 und x_2 auf, die an der in genau gleiche Teile eingeteilten X'-Achse, die unendlich nahe an der X-Achse vorbeibewegt wird, die jeweilig gegenüber liegenden und hell beleuchteten Teilstriche zu einer und derselben Zeit t in je einer photographischen Kamera fixieren. Es mögen auf der Bildplatte, nach der Entwicklung, die Teilstriche x_1, x'_2 und die Zeitanzeigen t'_1, t'_2 zum Vorschein kommen. Befände sich die X'-Achse in Ruhe, so müßte da auch deren Einteilung mit der von X ursprünglich genau gleich war

$$x'_2 - x'_1 = x_2 - x_1$$

sein. In Wahrheit ergibt sich eine Abweichung, die durch die „Anschauung" nicht vorher sehbar, nur durch den abstrakten Gebrauch der Formeln (11), (11a) festzustellen ist. Gegeben ist für den Anfang die Strecke x_1 und t, also erhalten wir die dieser Lage und diesem Zeitpunkt entsprechende Koordinate in S' nach Formeln (11), (11a)

$$x'_1 = \frac{x_1 - v\,t}{\psi}; \quad \text{mit} \quad \sqrt{1 - \frac{v^2}{c^2}} = \psi \qquad (13)$$

Ähnlich für den Endpunkt der Meßstrecke

$$x'_2 = \frac{x_2 - v\,t}{\psi} \qquad (13\,a)$$

Hieraus folgt

$$(x'_2 - x'_1) = \frac{x_2 - x_1}{\sqrt{1 - (v/c)^2}} \qquad (14)$$

Ist $x'_2 - x'_1 = 1$, so wird $x_2 - x_1 < 1$, d. h. **im bewegten System erfahren alle mit der Bewegung gleichgerichtete Strecken oder Maßstäbe eine Verkürzung gegenüber dem ruhenden System.**

Wenn aber Beobachter im System S' in genau gleicher Art, d. h. von S' aus gleichzeitig eine Strecke in S ausmessen, so würden diese, da S gegenüber S' mit der Geschwindigkeit $-v$ vorbeigleitet, umgekehrt die Verkürzung der in S enthaltenen Längeneinheit feststellen gegenüber der Einheit in S'. Es können obendrein Beobachter in S und in S' „zu gleicher Zeit" die gegenseitige Kürzung ihrer Maßstäbe sich durch optische Zeichen kund geben.

In Wahrheit kann ein **Maßstab nicht zugleich länger und kürzer sein,** als der mit ihm ursprünglich vollkommen gleichlange andere Maßstab. Daraus folgt, daß obigen Feststellungen **kein absoluter Charakter zukommt, sondern daß sie als Ergebnisse des genau vereinbarten Meßverfahrens** und der durch die Konstanz der Lichtgeschwindigkeit erzwungenen Gültigkeit der Transformationsgleichungen (11) zu werten sind.

Um zu zeigen, in welch eigentümlicher Weise dabei die nun relativisierte „Gleichzeitigkeit“ von Ereignissen eine der Anschauung nach „greifbare“ Tatsache in einen Schein auflöst, berechnen wir zunächst mittels Gl. (11a) die Zeiten, die im bewegten System an den Stellen x_1', x_2' dem im ruhenden System festen Zeitpunkt t entsprechen. Wir erhalten

$$t_1' = \frac{t - v\,x_1/c^2}{\psi} \qquad\qquad t_2' = \frac{t - v\,x_2/c^2}{\psi}$$

$$t_1' - t_2' = \frac{v}{c^2}\,\frac{x_2 - x_1}{\psi}$$

also ist $t_1' > t_2'$, was in S „gleichzeitig“ war, ist in S' nicht gleichzeitig.

Scheinbare anschauliche Klärung des Kürzungsvorganges. Man wäre versucht zu glauben, daß man die Maßstabkürzung als einen „Schein“ durch folgende Meßanordnung erweisen könnte. Man würde mit den Beobachtern in S' vereinbaren, daß sie vom Orte x' zur Zeit t_2' und von x_1' zur Zeit t_1' gemäß ihren Uhren Lichtsignale in die bei x_2 und x_1 im ruhenden System aufgestellten Kamera absenden. Abb. 1 stellt diese Verhältnisse,

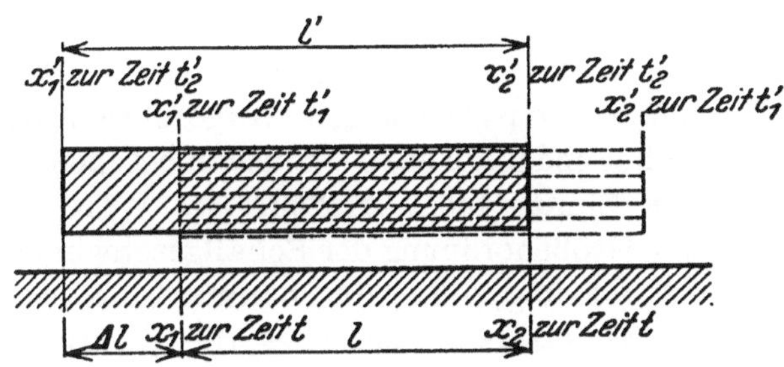

Abb. 1. Zur scheinbaren Erklärung des Kürzungsvorganges.

jedoch wie man nicht übersehen darf, nur symbolisch dar, denn man kann nicht ruhende und bewegte Längen im gleichem Maßstab nebeneinander auftragen. Das aber erkennt man, daß sich nach dem ersten Signal die Strecke $l' = x_2' - x_1'$ im Sinne von v um den Betrag $v(t_1' - t_2')$ verschoben hat, bevor man von x_1' aus die Lichtmarke in S erzeugt hat, und so ist klar, daß die in S beobachtete Länge $l = x_2 - x_1$ kleiner ist als die in S' mit den dortigen Maßstäben ermittelte Länge l'. Allein man würde keineswegs in S die gleiche Länge erhalten wie in S', wenn man mit dem Signal von x_1' nicht wartete, sondern es etwa „gleichzeitig“ mit dem von x_2' d. h. zur Zeit t_2' absendete. Denn dann würde, wie schon hervorgehoben, die Strecke in S größer als die in S'. Gleichlang würden sie, wie man nachrechnen kann, wenn man das Signal von x_1' aus angenähert zur Zeit $t' = (t_1' + t_2')/2$ absendete, was aber höchstens etwa zu der Aussage berechtigt, daß rund die Hälfte der festgestellten Kürzung auf die Verspätung des von x_1' ausgesendeten Lichtesignales zurückzuführen ist.

Es bleibt also nichts übrig, als einzusehen, daß es in diesem Falle ein vergebliches Bemühen ist, der Natur in die Karten blicken zu wollen, um zu „sehen“ wie sie es treibt. Das verblüffende Zeit- und Längenparadoxon von Einstein bleibt bestehen, und wird durch folgendes Gedankenexperiment noch greller hervorgehoben. Es seien bei x_1 und x_2 Messer angeordnet, die mit unendlicher Geschwindigkeit in einen vorübergleitenden Stab („eine Wurst“?) eingehakt werden; das herausgeschnittene Stück wird sich, wenn aus den Messern befreit, auf die größere Länge $l' = x_2' - x_1'$ strecken.

Das der Anschauung Unfaßbare des Vorganges können wir durch Heranziehung von zwei oder noch mehr Bezugssystemen K', K'' ..., die sich parallel mit den Geschwindigkeiten v', v'' ... wobei $v'' > v'$ gegenüber dem ruhenden System K bewegen, noch weiter verschärfen. Alle sind mit ursprünglich gleichen Maßstäben und sich verständigenden Beobachtern versehen. Die in K' werden als Länge des in K ruhenden Stabes l ein $l' < l$ finden, die in K'' ein $l'' < l'$ usf. und zwar dauernd, da der Zustand stationär bleibt. Kann nun ein und derselbe Stab (und auch beliebig viele) dauernd in drei und mehr verschiedenen Längen l', l'' existieren? Offenbar nicht, und so müssen wir diese Sachlage noch einmal wie folgt umschreiben: **Nicht die Kürzungen des Stabes sind real, sondern lediglich die Ergebnisse der nach bestimmten Vorschriften (hier je beliebig in K' bzw. K'' usf.) durchgeführten Messungen.**

Born spricht ebenfalls von „Schein" und „Wirklichkeit"[1] und versucht uns das Verständnis dadurch zu erleichtern, daß er als „wahre Existenz" eines Stabes nicht dessen Materie an sich, sondern deren Zusammenfassung mit dem Ort, wo und der Zeit zu welcher wir sie beobachten, als den eigentlichen Sinn des Realen am Stab definiert. Im Zeit-Weg-Diagramm wird diese Art der Existenz für einen bewegten Stab durch einen gegen die X-Achse geneigten Streifen dargestellt Die nach der Relativität sich jeweils ergebende Beobachtungslänge entspricht dann in gewisser Weise geführten schiefen Schnitten durch jenen Streifen, mit etwas verwickelter Umrechnung, wie man bei Born oder Laue[2] nachlesen kann.

Diese Darstellung kann uns trotz der großen Autorität, die sich für sie einsetzt, restlos nicht befriedigen, da sie im wesentlichen nur die zeichnerische Veranschaulichung des durch die Transformationsgleichungen vorgeschriebenen Rechenverfahrens ist. Wir werden uns daher **endgültig mit der Einsicht bescheiden, daß die Natur unermeßlich tief, unseren Sinnen nicht erfaßbar ist.** Wäre die Lichtgeschwindigkeit klein, etwa von der Größenordnung der Schallgeschwindigkeit, so hätte allerdings die alltägliche Erfahrung, d. h. „Anschauung" uns beim Anblick des fahrenden Zuges, noch mehr des raschen Flugzeuges, die „Schrumpfung" der Maßstäbe längst offenbart und wir würden diese, wie alles der alltäglichen Beobachtung entstammende, als „natürlich" empfunden, in unseren Rechnungen (noch früher bei den Bewegungsspielen) berücksichtigt haben. Da aber die Schrumpfung selbst bei einem Geschoß von 1000 m/s Geschwindigkeit nur etwa ein Billionstel der Länge ausmacht, bedurfte es des Genies eines Einsteins uns aus unserer im höchsten Maß unvollkommenen Wahrnehmung aufzurütteln und das Hinfällige der alten Vorstellungen über „Gleichzeitigkeit" und der „Starrheit fester Körper" aufzuweisen.

Die mechanischen Bewegungsgleichungen der beschränkten Relativität fallen, wie man ohne weiteres voraussieht, nicht mehr mit den Gleichungen von Newton zusammen. Aus der Relativität der Zeit folgt die Relativität der Masse. Ohne uns mit der ausführlichen Ableitung aufzuhalten, teilen wir als Ergebnis[3] mit, daß man in alle dynamischen Gleichungen statt der im gewöhnlichen Sinne definierten sog. „Ruhmaße" m_0 den Wert

$$m = \frac{m_0}{\sqrt{1-(v/c)^2}} \tag{14a}$$

einzuführen hat. Die Bewegungsgleichung in der v-Richtung ist dann in der allgemeinen Form als

„Zeitliche Zunahme des Impulses = Außenkraft"

anzuschreiben. Der Impuls wird wie in der alten Mechanik als Produkt mv erklärt, und man erhält

$$\frac{d}{dt}(mv) = \frac{d}{dt}\frac{m_0 v}{\sqrt{1-(v/c)^2}} = P \tag{14b}$$

---

[1] Die Relat.-Theorie Einsteins, 3. Aufl., S. 189.

[2] Das Relativitätsprinzip, 1913, S. 52.

[3] Das man bei Born a. a. O., 3. Aufl., S. 200 ff. in anschaulicher und elementarer, wenn auch große Konzentration erheischender Weise abgeleitet, vorfindet.

Die Richtigkeit dieser Gleichung ist durch Untersuchungen an den mit riesigen Geschwindigkeiten bewegten β-Strahlen mit großer Genauigkeit bestätigt worden. Auf dem Wege $dx = v\,dt$ leistet die Kraft P die Arbeit $P \cdot dx$ die zur Vermehrung der Energie des Körpers verwendet wird, aber nicht ausschließlich in der Form der kinetischen Energie $m_0 v^2/2$ erscheint, sondern sich durch Integration als

$$E = \int P\,dx = \int \frac{d}{dt}(m\,v) \cdot v\,dt = \frac{m_0\,c^2}{\sqrt{1-(v/c)^2}} = m\,c^2 \qquad (14\,\mathrm{c})$$

ergibt, wobei der noch anzufügende konstante Betrag weggelassen wurde. Ist v klein gegen c so kann man die Quadratwurzel angenähert entwickeln und erhält

$$E = m_0 c^2 + \tfrac{1}{2}\,m_0 v^2 + \cdots \qquad (14\,\mathrm{d})$$

Zur „kinetischen Energie“ $m_0 v^2/2$ im gewöhnlichen Sinn tritt also der im Verhältnis ungeheuer viel größere Betrag $m_0 c^2$, den man als „molekulare Energie“ ansehen muß. Er bildet den Vorrat aus dem beim radioaktiven Zerfall geschöpft wird. All dies sind erstaunliche rein spekulativ erzwungene und durch Erfahrung bestätigte Folgerungen und bilden zugleich einen geistesgeschichtlich wichtigen Wendepunkt: Mit der speziellen Relativitätstheorie beginnt die **Epoche der Unanschaulichkeit in der physikalischen Naturbeschreibung.**

2. Allgemeine Relativitätstheorie und die Gravitation.

Während die Relativitätstheorie im engeren Sinn nur an gleichförmig geradlinigen Bewegungen die Folgen der Relativität untersucht, schwingt sich Einstein in seiner allgemeinen Theorie auf den höchsten Gipfel der Abstraktion, indem er die Relativität irgendwie gearteter Bewegungen, also auch des Beschleunigungszustandes, zum Grundsatz erhebt und auf dem Wege unerhört kühner Spekulation zu einer durch die Erfahrung sehr nahe bestätigten Lösung des uralten Rätsels der Gravitation durchdringt.

Der Ausgangspunkt Einsteins war, wie alles Geniale, von durchsichtiger Einfachheit, die auch dem Laien unmittelbares Verständnis ermöglicht. Er betrachtet einen „Kasten“, der beispielsweise gegen die Erde wagrecht von West nach Ost, mit unveränderlicher Beschleunigung (nicht mehr Geschwindigkeit) fortgleitet. Im Kasten befindliche Beobachter, die von der Außenwelt nichts sehen sollen, werden feststellen, daß alle Gegenstände einer nach West gerichteten Beschleunigungskraft ausgesetzt sind, deren Ursprung sie auf zweierlei Art deuten können: Einmal eben dadurch, daß sie annehmen, der Kasten befinde sich in einem beschleunigten Bewegungsvorgang. Allein von einem sehr, sehr fernen Himmelskörper aus würde man vielleicht feststellen können, daß nicht der Kasten beschleunigt ist, sondern die Erde mit dem Stück des Universums, das von jenem Stern aus überblickbar ist. Denn die Beschleunigung ist eben kein absoluter physikalischer Zustand, sondern auch nur relative Lagenänderung von bestimmter Gesetzmäßigkeit.

Die Kräfte und Bewegungen in jenem Kasten müssen sich also, sowohl unter der Annahme, daß er beschleunigt bewegt ist, als auch, daß er ruht und das Universum beschleunigt wird, deuten lassen. In letzterem Fall geschieht alles so, als ob im Kasten eine (nach Westen) gerichtete homogene Gravitation herrschte, denn diese erzeugt an jedem Massenteilchen, an dem sie angreift, eine ihm verhältnisgleiche Kraft.

Die gleiche doppelte Deutung muß bei irgendeiner noch so verwickelten relativen Bewegung des Kastens möglich sein. Daraus aber folgt die Forderung, daß man den Grundgesetzen der Naturvorgänge eine Form zu erteilen imstande sein muß, die für irgend eine Relativbewegung, d. h. wenn man den Vorgang von irgendeinem irgendwie bewegten Koordinatensystem aus betrachtet, stets zu gleichen Endergebnissen führt. Oder in mathematischer Sprache: Die Naturgesetze müssen für jede Art von Bezugssystem durch mathematische Beziehungen (Differentialgleichungen) darstellbar sein, deren Form sich bei der Substitution beliebiger anderer Variablen nicht ändert, sie müssen, wie man sagt, „kovariant" sein.

Der kleinste Einblick in analytische Mechanik und Physik lehrt, daß hier eine mathematische Aufgabe von scheinbar unermeßlicher Verwickeltheit vorliegt. Es ist auch Einstein erst nach jahrelangen Kämpfen gelungen, die Lösung mittels Anwendung des „absoluten Differentialkalkuls" zu erzwingen, der auf der sog. „Tensorrechnung" beruht.

Vorderhand kehren wir zum vorhin geschilderten Kasten zurück und betrachten die Alternative, daß er als „ruhend" betrachtet werden soll, während alle Körper darin ihrer Masse verhältnisgleichen Kräften ausgesetzt sind, und sich, falls frei, mit einer überall gleichen Beschleunigung relativ zum Kasten in Bewegung setzen. Kräfte gleicher Art werden, wie hervorgehoben, auftreten, falls jene Körper sich in einem homogenen Gravitationsfeld von entsprechender Stärke befinden. In der Postulierung dieser Identität besteht die von Einstein gebotene einfache **Erklärung der Gravitation,** die bis anhin als großes Rätsel allen Deutungsversuchen widerstanden hatte.

Nun liefert die sog. träge Masse, mit der Beschleunigung b vermehrt, die bewegende Kraft im beschleunigten Kasten; die schwere Masse durch Vermehrung mit der Intensität g der Gravitation die Schwere. Da diese aber mit jener bewegenden Kraft in unserem Kasten identisch ist, ergibt sich als eine erste und unmittelbarste Folgerung der allgemeinen Relativitätstheorie die Gleichheit der trägen und der schweren Masse, wie schon lange vorher durch genaue physikalische Versuche festgestellt, aber nicht erklärt worden ist. Dieser Satz bildete allerdings ursprünglich einen der Ausgangspunkte für Einsteins Überlegungen.

Wichtig ist, nicht zu übersehen, daß Einstein nicht nur die Übereinstimmung der mechanischen Bewegungen fordert, ob wir nun den Kasten beschleunigt aber frei, oder einem Gravitationsfeld ausgesetzt denken wollen, sondern die **Gleichberechtigung** dieser Betrachtungsweise oder der Benützung der entsprechenden Koordinatensysteme **für alles physikalische (z. B. optische, letzten Endes sogar biologische) Geschehen** proklamiert.

Diese Ausdehnung, die er „Äquivalenzprinzip" nennt, bedeutet wohl die **größte spekulative Kühnheit** in der Geschichte der physikalischen Wissenschaft, fließt aber aus dem konsequent durchgeführten Prinzip der „Kovarianz". Die Schwierigkeit war nur, die neue Gestalt der Naturgesetze zu finden, und sich nicht durch die Ungeheuerlichkeit der Folgerungen, die sich sofort aufdrängen, abschrecken zu lassen.

Eine der aufreizendsten ist die Relativität der Drehung. Wenn ich in Gedanken spazierend meinen Stock im Kreise herum schwinge, soll auch die andere **Auffassung** physikalisch gleichberechtigt sein, daß mein Stock ruhte, statt dessen das ganze Universum (meine Wenigkeit eingeschlossen) sich im Kreise herum gedreht hat.

Einfacher erledigbar ist das sinnreiche Paradoxon durch welches der angesehene Physiker Lenard die Absurdität der allgemeinen Relativität auch dem Laien klar erweisen zu können glaubte. Er betrachtet einen Bahnzug der durch Zusammenstoß aufgehalten, sich selbst in Trümmer schlägt. Daneben steht ein schlanker Kirchturm. Gemäß der Relativität kann man sich auf den Standpunkt stellen, daß der Zug ruhte, statt dessen der Kirchturm aus der gegensätzlichen Bewegung ruckweise zum Stillstand gebracht wurde. Lenard frägt, warum geht der Zug in Trümmer und nicht der Kirchtum?

Die Widerlegung dieses Paradoxons ist eine nützliche Übung zur Klärung des Verständnisses von Relativität und Gravitation. Deshalb wollen wir die Anschaulichkeit durch die Annahme steigern, zwei vollkommen gleiche, gleich geschwind gegeneinander bewegte Züge hätten sich durch Zusammenprall und gegenseitiger Zerstörung zum Stillstand gebracht. Man könnte hier den Turm als den (etwa gar lachenden) unbeteiligten Dritten ansehen, der nicht wüßte, ob er eine Relativbewegung nach rechts oder links machen soll, und aus diesem Grunde stehen bleibt. Aber wir sind hierzu nicht gezwungen, sondern haben volle Freiheit anzunehmen, daß beispielsweise der links bewegte Zug in Wahrheit steht und der relativ zu ihm bewegte Turm mit einem Ruck zur Ruhe kommt. Hierbei wird er aus dem einfachen Grunde nicht den mindesten Schaden erleiden, weil an Stelle der nicht vorhandenen mechanischen Trägheitskräfte am Turm, einschließlich der zu ihm zu zählenden Umgebung, Gravitationskräfte angreifen, gegen deren Wirkungsrichtung er fortgeschleudert wird (ähnlich wie ein gegen die Erdschwere hinaufgeworfener Stein), wobei diese Kräfte auf jedes seiner Massenteilchen mit verhältnisgleicher Größe wirken. Sie würden daher den Turm unversehrt zum (relativen) Stillstand bringen, selbst wenn er aus Flaumfedern bestünde. Warum der Turm nicht, ähnlich dem Stein, zurückfällt, ist ebenfalls klar, da mit dem Aufhören der Relativbewegung die scheinbare Gravitation mitaufhört, und auch der geschleuderte Stein in solchem Falle in der Luft schweben bleiben würde.

Ein Blick in die Einsteinsche Gravitationswelt.

a) Beschreibend. Einstein gab eine vollständige Lösung seiner Gravitationsgleichungen für den Fall, daß die vorhandenen Massen gegenüber der Lichtgeschwindigkeit sehr langsam bewegt werden. Es stellt sich heraus, daß die Wirkung der Himmelskörper aufeinander bis auf unmerkliche Differenzen dem Newtonschen Gesetz gemäß erfolgt und so auch die Planetenbahnen unverändert bleiben. Die besonderen neuen Erscheinungen, die aus seiner Theorie folgen, sind in den Tagesblättern so ausführlich dargestellt worden, daß es hier genügen dürfte, sie kurz aufzuzählen. Es handelt sich a) um die Ablenkung der Lichtstrahlen durch große Gestirne, b) die Perihelbewegung des Planeten Merkur, c) die Verschiebung der Spektrallinien von Lichtquellen, die sich in der Nähe oder auf der Oberfläche von großen Himmelskörpern befinden. Bekanntlich sind diese Voraussagen, bis auf die letzte, die größte Experimentalschwierigkeiten bereitet, von Astronomen qualitativ bestätigt worden, allein nicht ohne Widerspruch von anderer Seite.

Für den Ingenieur wird jedoch eher ein Rundgang in der Einsteinschen Welt von Interesse sein, bei welchem vor allem die Maßverhältnisse und der Zeitverlauf geschildert werden. — Da erfahren wir in erster Linie die Überraschung, daß mit Ausnahme derjenigen Gravitationsfelder die durch Transformationen aus dem euklidischen gewöhnlichen Raum entstanden, die übrigens mit einer Verzerrung des Raumes verbunden sind, wie sie zuerst von Riemann als geometrisch widerspruchsfrei erwiesen wurde. Es ist eine der erstaunlichsten Tatsachen der Geistesgeschichte, daß gewisse ursprünglich auch in Fachkreisen als abstrus empfundene, geometrische Spekulationen sich auf einmal als physikalische Realitäten herausstellen.

Die Vorstellung eines Riemannschen Raumes begegnet aber trotz der ausgezeichneten Veranschaulichungsversuche durch keinen geringeren als Helmholtz[1] den gleichen Schwierigkeiten, wie das sich Vorstellenwollen der „Nichtgleichzeitigkeit" in der eingeschränkten Relativitätstheorie. Um uns entgegenzukommen, bevorzugt daher Einstein die Darstellung der Verhältnisse in einem euklidischen Raum, z. B. mit kartesischen Koordinaten, wobei die Verzerrung des Raumes durch Verzerrung der Maßstäbe illustriert wird. So wurde für die Umgebung einer punktförmigen Masse festgestellt, daß sich die Maßstäbe bei bestimmter Wahl der Koordinatensysteme in der (auf die zentrale Maße gerichteten) **radialen Richtung verkürzen, in der Umfangsrichtung unverändert bleiben.**

Infolge der geschilderten „Kovarianz" der physikalischen Gleichungen kommt nun die verwirrende Tatsache hinzu, daß aus einer Lösung unzählige andere lediglich durch Einführung anderer Koordinatensysteme gewonnen werden können. Beispielsweise stellt sich heraus, daß man die Verzerrung in der Umgebung des gleichen Massenpunktes im euklidischen Raum auch so darstellen kann, daß die **Maßstäbe sich nach allen Richtungen hin gleichmäßig verkürzen.**

Diese Vielfältigkeit der Lösungen veranlaßte Weyl[2] zum sensationellen Ausspruch, daß die allgemeine Relativität nicht nur den Begriff der absoluten, sondern auch den der relativen Bewegung bedeutungslos gemacht habe. Durch geeignete Wahl des Koordinatensystemes ist es nämlich möglich, **beliebig viele relativ gegeneinander bewegte Punkte „auf Ruhe zu transformieren",** d. h. zu erwirken, daß ihre (neuen) Koordinaten sämtlich unveränderlich sind. Betrachten wir beispielsweise die Drehung eines Punktes A um einen Punkt B der festen Geraden $B C$. Nach der scherzhaften Vorschrift von Einstein füllt man in den Raum weichen Teig und rührt ihn mittels eines den Punkt A dicht begleitenden Löffels solange um, als die Bewegung dauert, dann bilden die Stromlinien der Teigmasse ein „Mollusken"-Koordinatensystem in welchem die drei Punkte auf Ruhe transformiert sind, weil der rotierende Punkt dem Löffel gegenüber ruht. Allein die Drehbewegung ist auf den Löffel übergegangen — sie ist also aus unserer Begriffswelt nicht ausgeschieden, und damit scheint mir der Weylsche Vorwurf Wesentliches einzubüßen. Doch ist zuzugeben, daß die vollkommene Willkürlichkeit der zugelassenen Koordinatensysteme verwirrend wirkt und bei Rechnungen große Vorsicht erheischt. So hat Einstein selbst einst[3] eine Wellenbewegung als Lösung erhalten, die sich bei näherer Untersuchung als durch „zitternde" Koordinaten hervorgerufener „Schein" entpuppte.

Der Zeitverlauf ist in der Gravitationswelt ein eigentümlicher. Bringen wir von zwei ursprünglich gleichen Uhren die eine in die Nähe der Gravitation erzeugenden Masse, so geht sie langsamer als die andere. Aber der Vergleich der beiden ist nicht so einfach, wie in der besonderen Relativität, wo wir die Uhren längs der dicht aneinander vorbeigleitenden Achsen X und X' aufgestellt dachten, so daß sie mit unmerklichem Fehler wechselweise photographiert werden konnten. Hier vermittelt den Vergleich die „kosmische" Zeit, die man auch durch Uhren anzeigen lassen kann, die jedoch von Ort zu Ort verschieden eingeteilte Zifferblätter haben müssten, um die Beeinflussung durch das Gravitationsfeld zu kompensieren. Sie können durch Lichtsignale gerichtet werden, die von einer Stelle aus in regelmäßigen Zeitintervallen ausgehen und an jeder anderen Stelle ein gleichgroßes Zeitintervall umfassen. Wenn man die Variation der Lichtgeschwindigkeit infolge des Gravitationsfeldes in Betracht zieht, so können sie schließlich auf Synchronismus gebracht werden, ähnlich wie im

---

[1] Vorträge und Reden, 4. Aufl., 1896, S. 27 ff.

[2] Raum, Zeit, Materie. Berlin 1923, Vorrede S. VI.

[3] Sitzungsber. Kgl. Preuß. Akad. Wiss. Berlin, **32,** 688 (1916).

Falle der speziellen Relativität. Dann aber ist die kosmische Zeit für relativ gegeneinander in Ruhe verharrende Orte überall die gleiche. Das Intervallsignal markiert auf dem vom Zeiger zurückgelegten Winkel gleiche Abschnitte, nach welchen sich die Einteilung des Zifferblattes in die Einheiten der kosmischen Zeit zu richten hat (eventuell als Spirale mit unendlich vielen Windungen). Diese neuen „Sekunden" verglichen mit denen der ursprünglich gleichbeschaffenen Uhr am gleichen Orte erlauben die Verlangsamung des Uhrenganges durch das Gravitationsfeld (genauer „Potential") festzustellen.

Die beschleunigt in Bewegung gesetzte Uhr verändert ihren Gang, wie man nachweisen kann, unabhängig von der Größe und Richtung der Beschleunigung, d. h. unabhängig von der Bahnform und Richtung in dem Verhältnis, der der augenblicklich erlangten Geschwindigkeit v gemäß der speziellen Relativitätstheorie entspricht.

b) Mathematisch. Die Grundlagen der mathematischen Behandlung der allgemeinen Relativität sind uns Ingenieuren, die in Differential- und Integralrechnung heimisch sind, zugänglich. Doch wären wir gezwungen, ein ansehnliches Stück Flächentheorie und den sog. Tensorkalkul hinzuzulernen, was erheblichen Aufwand an Zeit und Energie beansprucht. Die nachfolgenden Erörterungen bezwecken daher, weder eine Entwicklung der mathematischen Grundlagen, noch weniger eine Kritik derselben, die neben Einstein Angelegenheit der führenden Mathematiker und von Weyl, Hilbert, Langevin, Pauli u. a. gründlich besorgt worden ist. Wohl aber treten wir in eine Diskussion der Ergebnisse ein, wie man sie etwa in Seminarien mit Studierenden pflegt.

Grundlage bildet die Erkenntnis, daß man für unendlich kleine Weltgebiete vom Kunstgriff Gebrauch machen kann, die dortigen Ereignisse auf ein Koordinatensystem (einen „Kasten") zu beziehen, der mit einer der Schwerintensität gleichen Beschleunigung „fällt", so daß man darin von der Gravitation absehen und die Formeln der speziellen Relativität anwenden darf. Es wird daher, unter Anwendung von Gl. (11 c) auf unendlich Kleines und aus formalen Gründen mit negativen Vorzeichen genommen, der Ausdruck

$$ds^2 = - dX^2 - dX^2 - dZ^2 + c^2 dt^2 \tag{15}$$

eine Invariante. Die drei Raumkoordinaten und die Zeit faßt man als eine vierdimensionale Mannigfaltigkeit auf, die in einem vierdimensionalen Koordinatensystem dargestellt wird. Die Heranziehung des vierdimensionalen Raumbegriffes (den man sich wieder ja nicht vorstellen zu wollen darf), hat bekanntlich den großen Vorzug, daß die dafür geltenden Formeln mathematisch das Analogon zu den im dreidimensionalen Raume geltenden Sätzen bilden und durch Berufung auf die im Dreidimensionalen vorhandene Anschaulichkeit jene Formeln leichter begreiflich, ja manchmal als „selbstverständlich" erscheinen lassen. So wird, wenn man obendrein nach Minkovski die imaginäre Zeit $X_4 = i c t$ und $X = X_1$, $Y = X_2$, $Z = X_3$ einführt,

$$- ds^2 = dX_1^2 + dX_2^2 + dX_3^2 + dX \tag{15a}$$

eine offenkundige („selbstverständliche") Erweiterung des Satzes von Pythagoras für kartesische Koordinaten im 4dimensionalen euklidischen Raum. Daß die eine Achse der Koordinatensysteme imaginär ist und daß beim Ziehen der Quadratwurzel nochmals die imaginäre Einheit auftritt, darf den mit „realen" Größen operierenden Ingenieur nicht stören. Denn es ist nur eine an das Reale anklingende Redensart, wenn man von ds als vom „Linienelement" spricht.

Hauptsache ist, daß ds eine Invariante bildet. Geht man nämlich von dem besonderen „lokalen" Bezugssystem (15) zu einem beliebigen andern x_1, x_2, x_3, x_4 über, so werden sich die Koordinatendifferentiale $dX_2 \ldots dX_4$ linear (nach dem Satz von Taylor) durch die neuen Differentiale $dx_1 \ldots dx_4$ ausdrücken, und das Einsetzen in Gl. (16) ergibt

$$ds^2 = g_{11}\, dx_1^2 + g_{12}\, dx_2^2 + g_{13}\, dx_3^2 + g_{14}\, dx_4^2$$
$$+\, g_{21}\, dx_1^2 + \cdots\cdots\cdots\cdots$$
$$+\, g_{41}\, dx_1^2 + \cdots\cdots\cdots + g_{44}\, dx_4^2$$

wobei die g von $x_1 \ldots x_4$ abhängen. Man schreibt abgekürzt:

$$ds^2 = g_{\mu\nu}\, dx_\mu\, dx_\nu \tag{16}$$

wobei in der oben ersichtlichen Weise über die doppelt vorkommenden Indizes $\mu\nu$ summiert werden muß. Da $g_{\mu\nu} = g_{\nu\mu}$ ist, so kommen in Gl. (16) nur zehn verschiedene Werte an g vor. Die Größe von ds ändert sich hierbei nicht, ob man es im System $X_1 \ldots X_4$ oder $x_1 \ldots x_4$ „ausmißt".

Die Aufgabe, die Einstein zu lösen hatte, bestand in der Ableitung der $g_{\nu\mu}$ aus der gegebenen Massenverteilung und ihrer Bewegung, sowie die Ermittelung der allgemein kovarianten Form der Naturgesetze, z. B. insbesondere der Bewegungsgleichungen materieller Punkte.

Letztere Aufgabe wurde auf eine überraschend einfache Weise durch eine kühne Verallgemeinerung der Vorgänge im euklidischen Raum gelöst. Denken wir in diesem alle Massen bis auf einen unendlich kleinen „Probekörper" weg, so beschreibt dieser bekanntlich bei Abwesenheit von äußeren Kräften eine gerade Linie. Diese ist eine geodätische Linie des euklidischen Raumes und Einstein postulierte kühn, daß im allgemeinen Fall die Bewegung eines sonst kräftefreien Punktes auch einfach die geodätische Linie der vier dimensionalen Mannigfaltigkeit der $x_1 \ldots x_4$ sein werde.

Will der Leser eine Vorstellung von der merkwürdigen Form der so gewonnenen Bewegungsgleichung gewinnen, muß er zunächst mit dem Begriff der „Eigenzeit" vertraut werden, die in ähnlicher Weise erklärt wird, wie in der speziellen Relativität. Man betrachtet den Gang eines Zeitmessers der im angewendeten Bezugsystem ruht. Dann sind $dx_1 = dx_2 = dx_3 = 0$ und es bleibt von Gl. (16) nur

$$ds^2 = \text{funkt.}\,(x \;\ldots x_4)\, dx_4^2 \tag{17}$$

übrig. Die hieraus zu berechnende Größe s, die also mit dem Vorrücken des Zeitmessers x_4 zusammenhängt, nennt man die Eigenzeit des Punktes den der Zeitmesser begleitet. Die Flächentheorie[1] führt zur Kenntnis der Christoffelschen „Dreiindizessymbole"

$$\Gamma^\sigma_{\mu\nu} = \frac{1}{2}\, g^{\sigma a}\left(\frac{\partial g_{\mu a}}{\partial x_\nu} + \frac{\partial g_{\nu a}}{\partial x_\mu} - \frac{\partial g_{\mu\nu}}{\partial x_a}\right) \tag{18}$$

wobei nach der Einsteinschen Abkürzung über die doppelt vorkommenden Indizes also hier über α von 1 bis 4 zu summieren, d. h. die rechte Seite viermal mit $\alpha = 1$ bis 4 anzuschreiben ist. Die Ableitung von $g^{\sigma a}$ mit oberen Indizes (kontravariante Größen) aus den mit unteren Indizes sehe man bei Einstein nach [Vier Vorlesungen Gl. (62), S. 43]. Die Bewegungsgleichungen für die Koordinaten $x_1 \ldots x_4$ lauten nun bei Abwesenheit von Außenkräften:

$$\left.\begin{aligned}
\frac{d^2 x_1}{ds^2} + \sum_{\mu=1}^{4} \sum_{\nu=1}^{4} \Gamma^1_{\mu\nu}\, \frac{dx_\mu}{ds}\frac{dx_\nu}{ds} = 0; \qquad \frac{d^2 x_2}{ds^2} + \sum_{1}^{4} \sum_{1}^{4} \Gamma^2_{\mu\nu}\, \frac{dx_\mu}{ds}\frac{dx_\nu}{ds} = 0 \\[2mm]
\frac{d^2 x_4}{ds^2} + \sum_{1}^{4} \sum_{1}^{4} \Gamma^4_{\mu\nu}\, \frac{dx_\mu}{ds}\frac{dx_\nu}{ds} = 0
\end{aligned}\right\} \tag{19}$$

Die letzte dieser Gleichungen stellt im besonderen den Zusammenhang zwischen der Eigenzeit s und der kosmischen Zeit x_4 her. Diese Formeln mit Einschluß von Gl. (18) lassen er-

---

[1] In bewundernswürdig klarer Weise dargestellt von Einstein selbst in „Vier Vorlesungen...", S. 45/46.

kennen, daß es mit der Einfachheit der Newtonschen Gleichung endgültig vorbei ist; aber man bedenke, daß diese Gleichungen das Wunder vollbringen, nach einer noch so wilden Transformation der Variablen, **wie der Vogel Phönix aus ihrer Asche unverändert hervorzugehen.** Das bedeutet, daß, wenn die Koordinaten x_1, x_2, x_3, x_4 durch beliebige andere, gemäß den willkürlichen Gleichungen

$$x_1 = f_1\,(x_1',\ x_2',\ x_3',\ x_4') \qquad x_3 = f_3\,(x_1',\ x_2',\ x_3',\ x_4')$$
$$x_2 = f_2\,(x_1',\ x_2',\ x_3',\ x_4') \qquad x_4 = f_4\,(x_1',\ x_2',\ x_3',\ x_4') \tag{19a}$$

ersetzt werden, die mathematische Form nicht nur der Gl. (19), sondern auch derjenigen, die irgend ein Naturgesetz ausdrücken, ungeändert bleibt. **Ein einfaches Beispiel solcher Kovarianz** ist jedem Ingenieur aus der klassischen Mechanik geläufig. Die Bewegungsgleichungen eines Massenpunktes mit dem Koordinaten x_1, x_2, x_3 unter der Wirkung der Kraft X_1, X_2, X_3

$$m\,\frac{d^2 x_\nu}{dt^2} = X_\nu \qquad (\nu = 1,\ 2,\ 3) \tag{19b}$$

bleiben der Form nach bekanntlich unverändert, wenn wir statt x_1, x_2, x_3 Koordinaten einführen, die einer Verschiebung oder Verdrehung des starren Koordinatensystemes entsprechen; sie sind also in bezug auf diese besonderen Koordinatentransformation „kovariant". Allein diese Kovarianz ist natürlich ein Kinderspiel gegenüber der von Einstein erreichten. Zum Glück darf man im praktisch wichtigsten Fall der in unserem Planetensystem herrschenden, sehr schwachen Gravitationskräfte Näherungsformen einführen, durch welche eine Großzahl der Symbole $\Gamma^\sigma_{\mu\nu}$ vernachlässigbar klein und die übrigen von ± 1 sehr wenig verschieden werden, so daß die Rechnung auch nicht entfernt den durch Gl. (19) ausgedrückten Riesenapparat zu bewältigen hat.

Die Bestimmung des $g_{\mu\nu}$ selbst aus der angenommenen Verteilung der Materie im Raume bewerkstelligte Einstein, indem er die Materie als Ursache der Krümmung des Raumes ansah und dies mathematisch durch Gleichsetzen der Komponenten des „Materietensors" $T_{\mu\nu}$ mit den Komponenten eines gewissen „verjüngten" Krümmungstensors $R_{\mu\nu}$ ausdrückte. Die berühmte Differentialgleichung, die als „Feldgleichung" den eigentlichen Kern der Gravitationstheorie ausmacht, lautet

$$R_{\mu\nu} - \tfrac{1}{2}\,g_{\mu\nu}\,R = -k\,T_{\mu\nu} \tag{20}$$

worin k mit der Newtonschen Gravitationskonstante K durch die Gleichung

$$k = \frac{8\,\pi}{c^2}\,K = \frac{8\,\pi \cdot 6{,}67 \cdot 10^{-8}}{9 \cdot 10^{20}} = 1{,}86 \cdot 10^{-27} \tag{20a}$$

zusammenhängt. Die sehr schwierige Herleitung von Gl. (20) muß man bei Einstein selbst nachlesen. Im kontravarianten Ausdruck $T^{\mu\nu} = \sigma\,\dfrac{dx_\mu}{ds}\,\dfrac{dx_\nu}{ds}$ klingt eine Verwandtschaft mit der kinetischen Energie nach. Unter der Annahme schwacher Gravitationsfelder und langsam bewegter Massen gelangt man übrigens zu einer überraschend einfachen Lösung, in welcher das gewöhnliche Potential der Massen

$$\Phi = -\,\frac{k}{8\,\pi} \int \frac{\sigma\,dV_0}{r} \tag{21}$$

wo σ die gewöhnliche Massendichte, r den Abstand des Raumelementes dV_0 vom betrachteten Raumpunkt bedeuten, eine Rolle spielt. Diese Formel bezieht sich auf eine Zeiteinheit, in der die Lichtgeschwindigkeit c im Vakuum unendlich fern von allen Massen als $= 1$ wird. Im cm-, g-, sek-Maßsystem wird

$$\Phi = -\,K \int \frac{\sigma\,dV_0}{r} \tag{21a}$$

mit $K = 6{,}67 \cdot 10^{-8}$. Die Lösung lautet dann mit der erwähnten Zeiteinheit, in der sog. Lichtzeit (ct) ausgedrückt:

$$g_{11} = g_{22} = g_{33} = -(1 - 2\,\Phi); \qquad g_{44} = +(1 + 2\,\Phi) \tag{22}$$

die übrigen $g_{\mu\nu} = 0$. In der gewöhnlichen Zeit ausgedrückt, muß man Φ durch c^2 teilen.

Das Linienelement nimmt nun die Form

$$ds^2 = -\left(1 - 2\frac{\Phi}{c^2}\right)\left(dx_1^2 + dx_2^2 + dx_3^2\right) + \left(1 + 2\frac{\Phi}{c^2}\right)c^2\,dt^2 \tag{23}$$

an. In dem früher geschilderten „lokalen" Koordinatensystem würde das invariante „ds" durch

$$ds^2 = -dX_1^2 - dX_2^2 - dX_3^2 + c^2\,dT^2 \tag{23 a}$$

gegeben und könnte durch Anlegen von starren Maßstäben an $dX_1\ldots$ und Ablesen von Uhren (dT) was den Absolutbetrag anbelangt, unmittelbar **in seiner wahren Größe bestimmt werden.** Betrachten wir die Länge $dl = (dx_1^2 + dx_2^2 + dx_3^2)^{\frac{1}{2}}$ in der Ruhelage ($dt = 0$) so ergibt Gl. (23 u. 23a)

$$dL^2 = -\left(dX_1^2 + dX_2^2 + dX_3^2\right) = -\left(1 - 2\frac{\Phi}{c^2}\right)dl^2 \tag{23 b}$$

Der Absolutbetrag der links stehenden **wahren** Länge dL ist (weil $\Phi < 0$) größer als die im Koordinatensystem der Gl. (23) herauskommende Länge dl was man, wie unter a) angeführt als „Schrumpfung" der Maßstäbe in jenem Koordinatensystem bezeichnet.

Ähnlich findet man für die Zeitdauer an einem und demselben Ort, d. h. $dx_1 = dx_2 = dx_3 = 0$, was auch $dX_1 = dX_2 = dX_3 = 0$ bedeutet,

$$dT^2 = \left(1 + 2\frac{\Phi}{c^2}\right)dt^2 \quad \text{oder} \quad (\text{da } \Phi \text{ negativ ist})\, dT < dt \tag{23 c}$$

d. h. die Uhr im lokalen Koordinatensystem zeigt weniger Einheiten an als der Zeitmesser, **oder: ursprünglich gleich beschaffene Uhren gehen hinter der kosmischen Zeit um so mehr nach, je kleiner das Gravitationspotential an ihrem Aufstellungsorte ist, d. h. je mehr man sich der gravitationserregenden Masse nähert.**

Die große Freiheit in der Wahl des Koordinatensystems bringt es mit sich, daß formal ganz verschiedene Lösungen für das gleiche Problem angegeben werden können. So hat Einstein neben Gl. (23) auch die Lösung[1] $g_{\varrho\sigma} = -\delta_{\varrho\sigma} - \alpha\dfrac{x_\varrho\,x_\sigma}{r^3}$; $g_{\varrho 4} = g_{4\varrho} = 0$;

$g_{44} = 1 - \dfrac{a}{r}$ mit $\varrho, \sigma_1 = 1, 2, 3$; $\alpha = kM/4\pi$; $\delta_{\varrho\sigma} = 1$ bei $\varrho = \sigma$ und

$$= 0 \text{ bei } \varrho \neq \sigma \tag{23 d}$$

angegeben. Aus dieser folgt für einen radial aufgestellten Stab $dx_2 = dx_3 = dx_4 = 0$; $ds^2 = +g_{11}$ dx_1^2 und $g_{11} = -\left(1 + \dfrac{\alpha}{r}\right)$ d. h. wenn man die Absolutbeträge vergleicht (da wie oben erwähnt, die Vorzeichen der Längenquadrate willkürlich negativ gewählt worden sind) so folgt hieraus

$$dx_1 < ds \tag{23 e}$$

d. h. **die Koordinatendifferenz ist kleiner als die wahre Länge,** was man wieder als **„Schrumpfen" des Maßstabes deuten kann.** Für den tangential am Ende von r angelegten Maßstab ist $dx_1 = dx_3 = dx_4 = 0$; $x_1 = r$; $x_2 = x_3 = 0$, $g_{22} = -1$, also sind die Absolutbeträge

$$dx_1 = ds \tag{23 f}$$

gleich, tangential findet keine Schrumpfung statt.

Diese Deutungen werden von Weyl[2] wie folgt in ein klares Licht gestellt. Die oben benutzten Größen x_1, $x_2 \ldots$ sind **Gaussische Koordinaten,** d. h. allgemein genommen Ziffern die jedem Punkt des **Riemannschen Kontinuums** zukommen. Man kann sie jedoch mit den Beträgen, die die Rechnung jeweils ergibt, soweit der Raum in Betracht fällt, in

---

[1] Die Grundlage der allgemeinen Relativität, 1916, S. 60.
[2] Raum, Zeit, Materie, 5. Aufl. 1923, S. 255.

einem euklidischen Raum als kartesische Koordinaten auftragen. Dann wird gemäß Gl. (23e) die Koordinatenlänge dx, die in Wahrheit z. B. 10 mm $= ds$ betragen sollte, gemäß den ausgerechneten Zahlenwerten nur $dx = 8$ mm ausmachen. Wir werden aber den richtigen Wert von ds ausmessen, wenn wir einen Maßstab anlegen, der im Verhältnis 8 : 10 kürzer ist, als der normale.

Die Sachlage kann also dargestellt werden, als ob die euklidische Geometrie gelten würde, aber die Maßstäbe sich unter der Wirkung der Gravitation in der angegebenen Weise kürzen müßten. Der Übelstand dieser Auffassung, die durchführbar ist, besteht in der Vielheit der Darstellungsart, so daß in dem einen unveränderlichen euklidischen Raum die Maßstäbe sich bald so bald so (vgl. oben z. B. die tangentiale Richtung) kürzen mußten wofür doch bei einem und demselben Gravitationsfeld keine Gründe angebbar sind. Bleibt man beim Riemannschen Raum, so ist die Verschiedenheit der Maßformen (ds^2) durch die Verschiedenheit der Koordinatenart verursacht und motiviert.

Zur erwünschten weiteren Veranschaulichung dieser nicht unheiklen Verhältnisse bietet die Planetenbewegung nach den Gleichungen von Einstein Gelegenheit. Bei der oben entwickelten Näherungslösung stellt sich heraus, daß die Bewegungsgleichung die Form

$$\frac{d^2 x_\tau}{dt^2} = -\frac{\partial \Phi}{\partial x_\tau}$$

annimmt, also mit der von Newton vollkommen übereinstimmt. Der Planet bewegt sich mithin um die als festliegend vorausgesetzte Sonne in den alten Kepplerschen Bahnen, d. h. vorzugsweise Ellipsen. Nun sind aber diese Bahnen nichts anderes als die geodätischen Linien des zugehörigen Riemannschen Raumes und man vernimmt mit Staunen, daß trotz der kleinen Abweichungen der $g_{\mu\mu}$ von der Einheit, die durch die Sonnenmaße erzeugte Krümmung dennoch so groß ist, um die gerade Linie der Trägheitsbewegung im rein euklidischen Raum in die krumme Ellipsenbahn umzubiegen.

Weyl[1] berechnete die Gestalt derjenigen Fläche auf oder in welcher die gleichen Maßverhältnisse herrschen wie in einer durch den Sonnenmittelpunkt hindurchgehenden Ebene des Riemannschen Raumes. Sie erscheint für die von Schwarzschild angegebene genaue Lösung des kugelsymmetrischen Feldes als die durch Rotation einer Parabel um ihre Scheiteltangente entstehende Umdrehungsfläche, deren Projektion auf eine zur Drehachse senkrechte Ebene in dieser die benützten Koordinaten x_1, x_2 bestimmt. In der

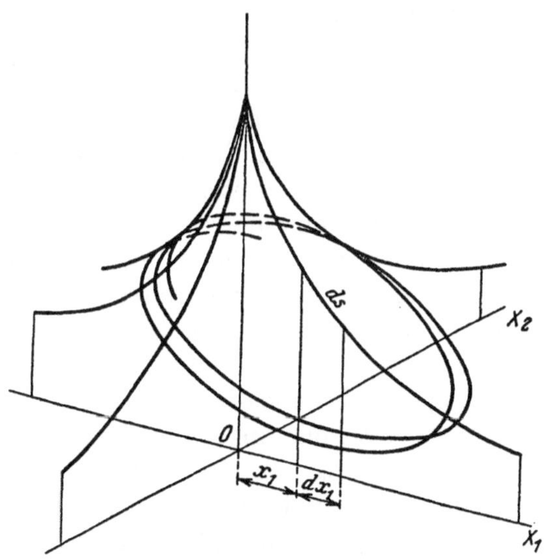

Abb. 2. Veranschaulichung der Krümmung in der Ebene der Erdbahn.

diese Verhältnisse verdeutlichenden Abb. 2 stellt ds die wirkliche Länge eines Bogenelementes der Fläche dar; seine Projektion dx_1 die zugehörige Differenz der auf der Fläche gewählten Gausschen Parameter.

---

[1] A. a. O. S. 257.

Man kann anschaulich verfolgen in welchem Maße dx immer kleiner als ds wird, wenn man sich der Sonne nähert. Die Planetenbahnen, d. h. geodätische Linien, sind Kreise oder Kurven, die in der Projektion ellipsenförmig aussehen, sich aber, wenn man mit der genauen Lösung arbeitet, nicht schließen, sondern die in der Zeichnung angedeutete Verschlingung aufweisen. Der Punkt der Sonnennähe oder das sog. Perihel rückt langsam vorwärts. Die für den Merkur veranstaltete Berechnung Einsteins hat bekanntlich das astronomisch festgestellte Maß dieses Vorrückens mit großer Genauigkeit bestätigt.

Zum Schluß ist die Veränderlichkeit der Lichtgeschwindigkeit zu beachten. Während im gravitationsfreien Raum der beschränkten Relativität die Lichtgeschwindigkeit c überall die gleiche ist, rufen die gravitierenden Massen eine Veränderung hervor. Transformiert man die wirklichen Koordinaten auf die in Gl. (23a) erscheinenden „lokalen Koordinaten", so ist die Fortpflanzung des Lichtes gemäß Grundgleichungen (11c) oder (23a) durch die Vorschrift $s = 0$ hier also durch $ds = 0$ gekennzeichnet, die vermöge der Invarianz des ds auch für die Gl. (23) gültig bleibt. Aus dieser erhalten wir aber in $(dx_1^2 + dx_2^2 + dx_3^2)^{\frac{1}{2}}$ den zurückgelegten Weg in der Zeit dt; somit ist die durch einen großen Buchstaben gegen das frühere c hervorzuhebende Lichtgeschwindigkeit

$$C = \frac{(dx_1^2 + dx_2^2 + dt_3^2)^{\frac{1}{2}}}{dt} = \left[\frac{1 + \dfrac{2\,\Phi}{c^2}}{1 - \dfrac{2\,\Phi}{c^2}} \right]^{\frac{1}{2}} c \cong \left(1 + \frac{4\,\Phi}{c^2}\right)^{\frac{1}{2}} c \cong \left(1 + \frac{2\,\Phi}{c^2}\right) c \qquad (23\,\mathrm{d})$$

da $\Phi < 0$, wird $C < c$. Hieraus läßt sich, wie man bei Einstein nachlesen muß, die berühmte Krümmung oder Ablenkung eines an einem Weltkörper nahe vorbeigehenden Lichtstrahles ableiten.

c) Relativität und Weltall (Einsteins Kosmologie). Die zur Berechnung der Gravitationskomponenten $g_{\mu\nu}$ erforderlichen Integrationen müssen auf die Massen des gesamten Weltalls oder wie man sagt „ins Unendliche" ausgedehnt werden, was nur möglich ist, wenn man über die Verhältnisse in jenen fernsten Gegenden unterrichtet ist, oder darüber vernünftige Hypothesen aufstellen kann. Einstein ging von der Erwägung aus, daß der Zusammenhalt der Elektronen gegenüber den abstoßenden Kräften der negativen Elektrizität, aus welchen sie auch nach modernsten physikalischen Ansichten bestehen müssen, die Existenz anderweitiger noch unbekannter Kräfte voraussetzt. Poincaré nahm einen im Innern des Elektrons herrschenden Unterdruck oder was dasselbe ist, einen von außen wirkenden Überdruck an. Einstein setzt diesen Überdruck in den Außenraum hin unbegrenzt fort, was das Hinzufügen eines entsprechenden Gliedes zum Materietensor bedingt. Wie er durch eine einfache Rechnung nachweist, ergeben die Grundgleichungen der Relativität, daß bei gleichmäßiger Erfüllung des Raumes mit (nebelartiger) Materie der Raum zu einem sog. „sphärischen" wird, mit unveränderlicher Riemannscher Krümmung und bloß endlicher Ausdehnung. Infolge der Himmelskörper wird diese Homogenität örtlich unterbrochen, indem sich um jeden Himmelskörper eine allmählich abklingende stärkere Raumkrümmung geltend macht.

Das erstaunlichste an dieser sphärischen Welt ist ihre endliche Ausdehnung, die zu begreifen die Vorstellungskraft wieder gänzlich unvermögend ist. Man verweist uns auf die Verhältnisse in Räumen, deren Dimension um eine Einheit niedriger ist, so daß als sphärischer Raum konstanter Krümmung von zwei Dimension die allvertraute Kugeloberfläche zum Vorschein kommt. Jedem Element dieses Raumes kommt als konstanter Krümmungshalbmesser — eben der Kugelhalbmesser zu. Der Raum ist unbegrenzt, weil zweidimensionale Wesen, die ihn bewohnen, keine „Grenze" vorfinden und doch die Endlichkeit des Raumes feststellen würden, indem sie etwa den Umfang seines größten Kreises oder noch beweiskräftiger das Volumen (in diesem Falle den Flächeninhalt) ihres Raumes ausmessen, was durch bloße Manipulationen im Raume (auf der Fläche) möglich ist.

Obschon im Gefühl nur einen schwachen Trost erhalten zu haben, folgen wir doch folgender weitergehenden einschmeichelnden Aufforderung der Mathematiker, uns in einen euklidischen Raum von vier Dimensionen (Koordinaten $x_1 \ldots x_4$) zu begeben, von welchem aus der sphärische Raum von drei Dimensionen durch eine der Kugelflächengleichung analoge Beziehung, die aber schon den Inbegriff eines dreidimensionalen Raumes bildet, d. h. durch

$$x_1^2 + x_2^2 + x_3^2 + x_4^2 = R^2 \tag{24}$$

dargestellt wird, wo x_4 nicht die Zeitkoordinate die diesmal euklidisch bleibt, sondern die vierte von den frei wählbaren x_1, x_2, x_3 abhängige Raumkoordinate, R den Halbmesser des Kugelraumes und zugleich in jedem Punkte den „Krümmungshalbmesser" bedeutet. Damit wird es bei etwas gutem Willen „klar", daß die Krümmung überall dieselbe bleibt und vor allem, daß der Raum endlich ist, da die „Oberfläche" von Gl. (24) (d. h. das Volumen in dreidimensionaler Auffassung) wie man mit einem kleinen Kunstgriff (Übergang zu Polarkoordinaten) zeigen kann

$$V = 2\,\pi^2\,R^3$$

endlich bleibt. Geht man von irgendeinem Punkte der Hyperkugel Gl. (24) aus, so wird man nie eine Raumbegrenzung vorfinden, sondern zu den schon verlassenen Stätten zurückgelangen.

Die erwähnten Polarkoordinaten lauten:

$$\left. \begin{array}{ll} x_1 = R \sin \chi \sin \vartheta \cos \varphi & \quad x_3 = R \sin \chi \cos \vartheta \\ x_2 = R \sin \chi \sin \vartheta \sin \varphi & \quad x_4 = R \cos \chi\,. \end{array} \right\} \tag{24 a}$$

und genügen, wie sein muß, der Gl. (24). Die „Hyperkugel" ist durch $R =$ konst gekennzeichnet. Wie bei gewöhnlichen Polarkoordinaten wird der sphärische Abstand vom Pol (wo $x_1 = x_2 = x_3 = 0$; $x_4 = R$) durch $l = R\chi$ gegeben. Wählen wir

$$r = R \sin \chi = R \sin l/R \tag{24 b}$$

als neue Veränderliche an Stelle von χ, so gehen Gl. (24a) in

$$\left. \begin{array}{l} x_1 = r \sin \vartheta \cos \varphi \\ x_2 = r \sin \vartheta \sin \varphi \\ x_3 = r \cos \vartheta \end{array} \right\} \tag{24 c}$$

über, woraus erhellt, daß man die unabhängigen Größen x_1, x_2, x_3 die einerseits Koordinaten im vierdimensionalen euklidischen Raum, anderseits Parameter (Gaußsche Koordinaten) im dreidimensionalen sphärischen Raum bedeuten durch gewöhnliche Polarkoordinaten mit dem Radiusvektor r und den Winkeln ϑ, φ darstellen kann. Insbesondere wird bei kleinen Werten von l, also in der Nähe des Poles sehr nahe $r \simeq l$, wir haben angenähert euklidische Verhältnisse. Bei wachsendem l wird r nicht verhältnisgleich wachsen, sondern zunächst bei $l/R = \pi/2$ den Höchstwert $r = R$ erreichen und dann wieder bei $l/R = \pi$ auf Null abnehmen um über $r = -R$ zum Anfangswert zurückzukehren. Es wäre vollkommen widersinnig, sich diese Rückkehr „vorstellen" zu wollen. Das wäre nur möglich, wenn wir vom vierdimensionalen Raum den darin eingebetteten dreidimensionalen sphärischen Raum räumlich wahrzunehmen vermöchten. So bleibt denn, wie schon geschildert, nichts übrig, als um eine Dimension zurückzugehen, wobei wir vom dreidimensionalen Raum aus „sehen" können wie die flachen Wesen, die auf ihrer zweidimensionalen sphärischen (d. h. Kugel-)Oberfläche leben, ihren Raum mit Maßstäben längs eines größten Kreises vom Pole aus ausmessen, und ohne zu merken, daß und wo sie „umkehren" — wieder beim Pole landen.

Wie schon erwähnt, hat sich Helmholtz[1] die Mühe genommen, die optischen Eindrücke eines Menschen in jenem Raum anschaulich zu machen, aus Anlaß seiner tiefgehenden Untersuchungen über Raumstruktur, die beinahe so weit, wie die Riemanschen vordrangen. Das Schwerverständliche der Helmholtzschen Darstellung, der von einem rein euklidisch geschulten Augenmaß ausgeht, wird überbrückt, wenn wir in die zweidimensionale sphärische

---

[1] Vorträge und Reden. 4. Aufl. 1896, S. 27 u. f.

Welt herabsteigen. Vorwegzunehmen ist, daß ein Lichtstrahl sich stets längs einer geodätischen Linie, also längs eines größten Kreises fortpflanzen würde. Eine im Pol aufgestellte punktförmige Lichtquelle würde dann längs aller durch sie hindurchführenden Großkreise Lichtstrahlen aussenden, die in der Nähe des Poles fast die gleiche Divergenz aufweisen würden, wie in euklidischer Umgebung, um einander desto mehr parallel zu werden, je näher wir zum Äquator rücken. An diesem selbst wären sie genau parallel und **wir würden die Lichtquelle unendlich weit wähnen.** Jenseits des Äquators kämen sie konvergent in unser Auge und würden sich, abgesehen von den durch einzelne Sterne aufgehaltenen Strahlen im Gegenpol der Lichtquelle treffen um von da den Rundgang in entgegengesetzter Richtung anzutreten. — Wenn wir uns vom Nordpol wegwenden, würden wir also die Lichtquelle im Südpol erblicken, während sie in Wahrheit im Nordpol aufgestellt ist.

So gelangen wir auch zum Verständnis des Einwandes von Weyl[1] gegen die sphärische Welt Einsteins. Wir begreifen nämlich, daß ein Lichtsignal, von dem wir bei der ersten Wahrnehmung nur einen Teil im Auge (oder auf der photographischen Platte) absorbiert haben nach einem Umkreis um die sphärische Welt, wieder, und wiederholt zu uns gelangt. So müßten, wie Weyl sich ausdrückt, „Gespenster des Längstvergangen herumgeistern". Fernor ist klar, daß wer vom Südpol den im Nordpol befindlichen Stern beobachtet, ihn in allen Richtungen seines Horizontes mit gleicher Lichtstärke wahrnehmen muß. Auf den Raum übertragen bedeutet dies, daß für jenen Beobachter das ganze Himmelsgewölbe gleich stark erhellt wäre. Da Pol und Gegenpol des sphärischen Raumes in einem Abstand von $2\,R$ liegen, so muß das Licht des einen Sternes die Gesamtheit aller überhaupt vorhandenen Sterne treffen, von welchen es absorbiert, bzw. mit anderer Intensität nach anderen Richtungen weggestrahlt wird, bevor es zum Gegenpol gelangt. So könnte, wie in jenem Dialog Petrus bemerkt, jenes Licht so diffus sein, daß man es überhaupt nicht bemerken würde. Dieses Lichtphänomen ist nicht der einzige Grund, warum Weyl der kosmischen Theorie Einsteins nicht zustimmt. Er ist „a priori" überzeugt, daß die Darstellung der ganzen Trägheit als Wirkung der gesamten Massen der Welt nicht gelingen kann und sieht als das Wesentliche der Relativitätstheorie die Erklärung der Gravitation an. Diese sollte dann überhaupt nicht unter den Begriff der Kraftwirkung fallen, sondern ein **„Führungsfeld" bilden, vermöge dessen der kräftefreie Massenpunkt auf einer geodätischen Linie sich zu bewegen veranlaßt wird.** Dieses Feld könne als Zustand eines neuen „Äthers", der mit dem alten nichts gemeinsam hat, aufgefaßt werden, und als physikalisches Agens „in Ruhe" auch dort existiert, wo das Feld Null ist. Die vorhandene Materie versetzt ihn, ähnlich dem von Weyl zitierten Hölderlinschen „Geist der Unruh, der in der Brust der Erde und der Menschen zürnet und gärt..." in Aktivität, so daß er nie wieder zur Ruhe gelangt. Dabei schließt sich Weyl der kosmischen Theorie von de Sitters an, dessen „Welt" sich nach Eddington[2] einschließlich der Zeit als sphärisches Kontinuum von vier Dimensionen durch eine Kugel im euklidischen Raum von fünf Dimensionen darstellen läßt. Demgemäß sind deren Eigenschaften erheblich verwickelter als die der Einsteinschen Welt. Insbesondere stehen an ihrem Äquator alle Uhren still. Ein irgendwo ruhend hingelegtes Teilchen bewegt sich sofort mit einer dem Abstand von der Anfangslage verhältnisgleichen Beschleunigung. Die Himmelskörper werden somit von irgend einem Punkte aus betrachtet eine allgemeine Tendenz zum auseinanderstieben haben.

Demgegenüber ist die Einsteinsche Welt von viel größerer Einfachheit und Durchsichtigkeit. Die Himmelskörper befinden sich, wie die in einen Gefäß eingeschlossenen Moleküle eines Gases im thermodynamischen Gleichgewicht (da sie nicht entweichen können), mit gegen das Licht kleinen Geschwindigkeiten. Die gesamte Trägheit wird durch die Massenwirkung erzeugt, es gilt die Relativität auch der Drehbewegung: der Relativitätsgedanke ist hier, wie der Astronom Kopff[3] sich ausdrückt, „zu Ende gedacht".

---

[1] Was ist Materie? 1922. Dialog zwischen Petrus und Paulus.
[2] Eddington: Relativitätstheorie. Berlin 1925, S. 230.
[3] Grundzüge der Einsteinschen Relativitätstheorie. Leipzig 1923, S. 172, 5 Z. v. u.

Inzwischen ist durch die Arbeiten von Friedmann[1] und Lemaître[2] klar geworden, daß die Feldgleichungen wichtige Lösungen für einen eigentümlichen, nicht stationären Zustand zulassen, bei welchem unter Annahme gleichmäßiger Massenverteilung der Weltradius sich periodisch zu ändern vermag, und zwar nach Pauli[3] entweder zwischen 0 und endlichem Endwert, oder auch zwischen einem endlichen und unendlich großen Wert. Ja es sollen auch Lösungen mit unendlich großen unveränderlichem Weltradius bei nach außen abklingender Massendichte möglich sein. Die besondere, inzwischen von Einstein[4] bevorzugte Lösung entspricht obendrein dem Werte $\lambda = 0$, führt aber auf einen maximalen Weltradius von bloß

$$R = 10^8 \text{ Lichtjahren}$$

mit der mittleren Dichte $\varrho = 10^{-26}$ gr/cm³. Die halbe Periode der Schwingung zwischen $R = 0$ und $R = R_{\max}$ wäre $T = 10^{10}$ Jahre; die Welt hätte gegenwärtig nahezu den maximalen Rauminhalt erlangt.

Tolman[5] berücksichtigt außerdem die durch Strahlung bewirkte Verminderung derjenigen ponderablen Masse, die allein in den Materietensor eingeht. Diese neuen Fassungen sind in der Lage, die von der Erde weg radial gerichteten großen Geschwindigkeiten der sehr fernen Spiralnebel (im Mittel 600 km/sek), damit die Vergrößerung der Wellenlänge des ausgestrahlten Lichtes d. h. die beobachtete Rotverschiebung der Linien im Spektrum, die dem Abstande der Nebel verhältnisgleich ist, zu erklären. (Diese hat aber mit der durch Gravitation bewirkten Rotverschiebung der Relationstheorie nichts zu tun.) Die Sittersche Theorie tritt damit in den Hintergrund.

Ein Versuch, die Relativitätstheorie so zu erweitern, daß sie auch die elektromagnetischen Erscheinungen umfaßt, ging von Weyl aus und wurde von Eddington und Einstein in dessen „Einheitlicher Feldtheorie"[6] fortgeführt. Der ungemein schwierige mathematische Charakter dieser Theorien verbietet uns, auch nur einen Versuch ihrer Darstellung zu wagen.

Endlich ist auf eigentümliche Schwierigkeiten hinzuweisen, die Relativitäts- und die Quantentheorie in Übereinstimmung zu bringen, die am Schluß dieses Abschnittes kurz gestreift werden.

Ergebnisse neuerer astronomischer Forschungen. Die neuere Astronomie hat den Umfang unserer Einblicke in die Beschaffenheit des Universums in so außergewöhnlichem Maße erweitert, daß es — im Anschlusse an obige kosmologische Betrachtungen — angemessen sein dürfte, einige wesentliche Ergebnisse hier anzuführen[7]. Das Weltall besteht hiernach aus überwiegend gleichartigen Sternen des Sonnencharakters; sein Alter wird zu etwa 200 Billionen Jahren eingeschätzt.

Die Kant-Laplacesche Theorie der Planetenentstehung durch Abschleuderung der Materie von der zu rasch umlaufenden Sonne wurde als unhaltbar erkannt, da ihre Drehgeschwindigkeit hierzu gar nicht ausreichte. Man müsse vielmehr annehmen, daß ein zufällig vorbeistreichendes Riesengestirn in der (noch gasförmigen) Sonnenmasse eine gewaltige Flutwelle erzeugte, die gleichsam als „Protuberanz" ganz aus der Sonne heraustrat und sich nachträglich, unter Fortsetzung der Drehbewegung, zu den unser System bildenden Planeten zusammenballte. Solch nahe Sternenbegegnungen sind aber äußerste Seltenheiten, so daß im ganzen von 100 000 Sonnen nur etwa eine von einem Planetensystem umgeben sein soll. Bei der etwa 1000 Billionen ausmachenden Zahl von Sonnen, die der dem Fernrohr erreichbare Himmelsraum enthalten soll, würde das immerhin etwa 10 Milliarden Systeme ergeben. Da

---

[1] Ztschr. f. Physik 1922 u. 1924.

[2] Ann. Soc. Sc. Bruxelles 47 A 49, 1927.

[3] Vortrag im Physik. Kolloquium der Universität Zürich, 11. November 1931.

[4] Mitteil. d. Berl. Akad. d. Wissensch., März 1931.

[5] The effect of the annihilation of matter on the wave length of light from nebulae. Proceed. of the Nat. acad. of Science. Vol. 16 No. 4, 6, 7. 1930.

[6] Vgl. S. 130 der dem Verfasser gewidmeten Festschrift, mit ergreifend schönen Aussagen Einsteins über den religiösen Charakter rein wissenschaftlicher Forschung. Sein mehr als zwölfjähriges Ringen mit diesem Problem scheint aber erfolglos abgebrochen worden zu sein.

[7] Wärmstens zu empfehlen ist die populäre Schrift von J. H. Jeans: Sterne, Welten und Atome. Stuttgart 1931.

aber zum Leben eine Sauerstoffatmosphäre und bestimmte chemische Stoffe erforderlich sind, so könnte die Zahl der bewohnbaren Planeten leicht auf eine Million sinken, unvergleichlich weniger als früher wahrscheinlich erschien.

Das Ende des Lebens auf der Erde würde mit der Degeneration der Sonne auf den Zustand des „weißen Zwerges" anbrechen, wo alle Atome ihrer Elektronen fast beraubt sind und somit wenig Strahlung entwickeln können. Bis dahin dürften **eine Billion Jahre** vergehen. Wenn indessen die Sonne in den noch gänzlich unerforschten Zustand einer „nova" d. h. einer plötzlichen Entflammung auf ungeheure Temperaturen mit nachfolgender Erkaltung geraten würde, dann reduzierte sich die Lebensdauer wahrscheinlich auf etwa 50 Milliarden Jahre.

Die Theorien von Einstein sind nicht ohne Widerspruch geblieben. Einer der schärfsten Angriffe stammt von G. v. Gleich[1], der im besonderen die experimentelle Nachprüfung der Einsteinschen Voraussagen einer Kritik unterwirft und jenen Ergebnissen alle Beweiskraft abspricht.

Seither ist von Freundlich die Auswertung der Ergebnisse der von ihm geleiteten astronomischen Expedition auf Java zur Bestimmung der Lichtablenkung an der Sonne veröffentlicht worden[2]. Er erhielt 2,24″±0,10″ Bogensekunden, gegenüber dem von der Relativität geforderten Wert von 1,75″. Diese um nahezu 30 v. H. zu große Ablenkung schien die allgemeine Relativitätstheorie ernstlich in Frage zu stellen. Der Astronom R. J. Trümpler von der Lick-Sternwarte in Californien unterzog die Freundlichschen Beobachtungen einer Neuberechnung und gelangte für die erste Serie derselben, gemäß einem Vortrag, den er im Physik. Kolloquium der Universität Zürich am 11. November 1931 hielt, zum Werte von 1,80″±0,20″, womit die Übereinstimmung mit der Einsteinschen Angabe wieder hergestellt wäre.

Eine offenkundig tendenziöse Zusammenstellung von Äußerungen zahlreicher im wesentlichen philosophischer Gegner der Relativitätstheorie[3] enthält mathematisch nur Anfechtbares. Von philosophischer Seite werden Einwände in befremdend überheblichem Ton gemacht, der im Interesse wissenschaftlicher Würde nur lebhaft bedauert werden kann. Beide Schriften sind inzwischen von berufener Seite in Naturwissenschaften 1931, S. 252 zurückgewiesen worden.

Überblicken wir diese gedrängte Zusammenfassung der Lehren der Relativitätstheorie, so werden wir deren Genialität und Kühnheit mit Bewunderung anerkennen, selbst wenn die vorläufig experimentell erbrachten Bestätigungen sich nicht bewähren sollten. Denn dies bedeutete nur, daß die Theorie weiter ausgebaut, durch weitere „kosmologische" oder andere Glieder ergänzt werden müßte. Nach Weyl[4] hat das menschliche Denken über den Kosmos mit der Einsteinschen Relativitätstheorie eine neue Stufe erklommen... „nun liegen Weiten und Tiefen vor unserem Erkenntnisblick entriegelt da, deren Möglichkeit wir vorher nicht einmal ahnten". Es war mithin berechtigt, diese Theorie unter die Triumphe des Intellektes einzureihen. Aber die Folgerungen die der Ingenieur zieht, dürften eindeutig sein. Es ist herrlich, in sonntäglichen Leseausflügen zu erfahren, daß die Tiefen des Weltalls mehr und mehr entschleiert werden, aber Stätte des Ingenieurs ist die Erde mit ihren dringenden Aufgaben. Dieser wird er sich um so eher zuwenden, als die Begriffswelt der Relativitätstheorie an das Abstraktionsvermögen Anforderungen stellt, denen wir kaum gewachsen sind. Vom Standpunkt einer naiven realistischen Weltanschauung ist es tragisch, daß

---

[1] Einsteins Relativitätstheorie und physikalische Wirklichkeit. A. Barth 1930.

[2] Sitzungsber. Preuß. Akad. Wiss. Berlin 1931.

[3] Unter der auf Sensation berechneten Überschrift: „100 Autoren gegen Einstein". Vogtländer-Verlag 1931.

[4] Raum, Zeit, Materie, 5. Aufl. Vorwort.

mit Einstein die Einkleidung der Welträtsel in absolute Unanschaulichkeit beginnt; die gemachten Darlegungen dürften jedoch genügen uns von der genialen Treffsicherheit und **Unvermeidlichkeit dieses Schrittes** zu überzeugen.

3. Neueste Tatsachen und Theorien der Physik.

Im Lichte der Schlag auf Schlag folgenden umwälzenden Entdeckungen auf dem Gebiete der neuen Physik im angebrochenen Jahrhundert, muß uns deren Entwicklung im 19. Jahrhundert als ein Schneckengang vorkommen. Da ist zunächst, wie wiederholt werden muß, die Unabhängigkeit der Lichtgeschwindigkeit (im Vakuum) von der Relativbewegung der Lichtquelle, die, wie wir gesehen haben zu der gewaltigen, die Gravitation umfassenden Relativitätstheorie ausgebaut wurde. Erscheint uns jene Konstanz der Lichtgeschwindigkeit als eine schwere Unbegreiflichkeit, vor der wir uns aber beugen müssen, so wird dieser Druck bei weitem übertroffen durch den unerhörten Umschwung der Anschauungen über Naturgesetzlichkeit, der von der neueren Physik ausgeht. Es sei vorläufig nur auf den Gegensatz der Partikel- und der Wellennatur, die beide nicht nur den Elektronen, sondern auch jeder Art von materiellen Teilchen zukommen sollen; auf die Abschaffung des Bahnbegriffes und den Angriff auf den altehrwürdigen Kausalitätsbegriff hingewiesen. Aus der Fülle der hierauf bezughabenden Beobachtungen seien wenigsten zwei wichtigste herausgegriffen.

a) **Wilson-Aufnahmen.** Daß die radioaktiv ausgesendeten materiellen Strahlen die Eigenschaften von Korpuskeln besitzen, wird handgreiflich nach Wilson bewiesen, indem man die Teilchen in einem mit übersättigtem Wasserdampf gefüllten Raum auf Gasatome stoßen läßt, die dadurch ionisiert werden. Die entstehenden Ionen bewirken örtliche Kondensierung des Dampfes und machen die Bahn des Materialteilchens als feine Nebellinie dem freien Auge sichtbar.

b) **Versuche von Davisson-Germer.** Läßt man aber denselben Materie- bzw. Elektronenstrom auf ein Krystallgitter auffallen, so liefern die auf einen Schirm reflektierten Teilchen die gleichen Beugungs- und Interferenzbilder wie gewöhnliches Licht.

Ein und dasselbe physikalische Agens legt daher je nach Umständen Eigenschaften an den Tag, die uns gemäß bislang vorhandener Erfahrung als unvereinbar erscheinen mußten, wodurch überraschend dargetan wird, **wie wenig tief unser Blick bis anhin in das Walten der Natur eingedrungen war.**

Die Entwicklung beginnt um die Jahrhundertwende mit Planck, der seine berühmte Ableitung des Strahlungsgesetzes auf die Annahme gründete, daß die Strahlung nur in Energiebeträgen $h\nu$ erzeugt und absorbiert wird. Im Jahre 1905 deutete Einstein dies dahin um, daß das Licht tatsächlich aus diskontinuierlichen „Quanten" besteht, wodurch er imstande war, den Photoeffekt einwandfrei zu erklären. Diese Quantentheorie wurde später von Forschern wie Bohr, Heisenberg, Sommerfeld, Born, Pauli weiter ausgebaut. Aus ihr entwickelten De Broglie, Schrödinger und Dirac die berühmte

„Wellenmechanik". Mit den wesentlichen Zügen dieser Theorie müssen wir uns in Verfolg unseres Hauptzieles bekannt machen[1].

a) Quantenmechanik. Die ältere „Quantentheorie" stellte uns die Atome nach dem Vorgang von Bohr als verkleinerte Planetensysteme dar, deren Sonne der mit positiven Ladungen versehene „Kern" bildete, um den eine Anzahl (bis über 90) Elektronen, d. h. winzig kleine Massenteile mit negativen Ladungen in kreisrunden oder elliptischen Bahnen kreisten. Das Wesentliche war, daß im stationären Zustand diese Bahnen bestimmte Größenverhältnisse aufwiesen, so daß die durch sie bedingte Gesamtenergie des Systemes wie eine arithmetische Reihe mit der Größe der Bahnen zunahm. Durch eine Störung sollte z. B. ein Elektron von der Bahn mit der höheren Energie E_2 auf diejenige mit der tieferen Energie E_1 springen und hierbei eine Strahlung mit der Frequenz ν gemäß der Gleichung

$$E_2 - E_1 = h \nu \tag{1}$$

emmittieren, wo h das berühmte Plancksche „Wirkungsquantum", eine universelle Konstante bedeutet. Zu dieser „Frequenzbedingung" tritt die „Quantenbedingung"

$$\int p \, dq = n h \tag{2}$$

hinzu, wo p den Impuls, q die augenblickliche Koordinate des Elektrons, n die „Quantenzahl" bedeuten. Das über einen Umkreis der Bewegung zu bildende Integral sagt mithin aus, daß bei einer periodischen Bewegung die Wirkungsgröße in unstetigen Sprüngen variiert. Beim harmonisch schwingenden Punkt, dem „Oszillator" wird p durch eine über der Schwingungsweite als Achse liegende Ellipse, das Integral (2) durch deren Flächeninhalt dargestellt.

Die Quantenzahlen waren ursprünglich mit 1 beginnende ganze Zahlen. Später mußte man halbe Einheiten zulassen.

Die Behandlung dieser diskontinuierlichen Zustände durch die **„Matrizenrechnung der Quantenmechanik"** wie sie besonders Heisenberg und Born durchgebildet haben, bietet durch die vollkommene Neuheit der Rechnungsart ein lehrreiches Beispiel für die Anpassungsfähigkeit des mathematischen Intellektes an neue Aufgaben, ist aber ein ganz schwieriges schwer zugängliches Gebiet. Dem Ingenieur dürfte das Verständnis nachfolgender **rein skizzenhafter** Darstellung des Ausgangspunktes dieser Mechanik keine Schwierigkeiten bereiten.

Betrachten wir den sog. **harmonischen Oszillator** etwa in Form eines Elektrons, das an ein festes Atom durch elektrische (oder elastische) Kräfte gebunden, gemäß der bekannten Gleichung $m \dfrac{d^2 x}{dt^2} = -A x$ geradlinige Schwingungen anführt. Bekanntlich ist

$$\omega_0 = \sqrt{\frac{A}{m}} \tag{3}$$

die „Kreisfrequenz" dieser Schwingung also

$$\frac{d^2 x}{dt^2} = -\omega_0^2 \, x. \tag{4}$$

---

[1] Dem näher eindringen wollenden seien folgende Lehrbücher empfohlen:

Sommerfeld, A.: Atombau und Spektrallinien. Wellentheoretischer Ergänzungsband. Vieweg 1929. Mit entzückender Frische und Anschaulichkeit verfaßt.

Broglie, L. de: Wellenmechanik. Leipzig 1929. Von der mustergültigen Klarheit der französischen Methode.

Heisenberg, W.: Die physikalischen Prinzipien der Quantentheorie. Hirzel 1930. Meisterhaft zusammengedrängte Darstellung voll von Fernblicken.

March, A.: Die Grundlagen der Quantenmechanik. Leipzig 1931. Mit gut verständlicher Darstellung neuester Arbeiten.

Die einfachste harmonische Lösung der Gl. (4) lautet:

$$x = a \sin \omega_0 t \tag{5}$$

Die Gesamtenergie dieser freien Schwingung erscheint in der Lage $x = 0$ als kinetische Energie; mithin ist

$$E = \frac{m}{2} \dot{x}^2_{t=0} = \frac{m}{2} a^2 \omega_0^2 \tag{6}$$

Infolge der Frequenzbedingung Gl. (1) ist in diesem Ausdruck a nicht willkürlich, wie es nach Gl. (4) sein könnte. Gleiche Fußzeichen für gleiche Zustände benützend, muß vielmehr mit $v = \omega_0/2\pi$ beispielsweise

$$E_3 - E_2 = \frac{m}{2} \omega_0^2 (a_3^2 - a_2^2) = \frac{h\,\omega_0}{2\pi}\ ; \quad E_2 - E_1 = \frac{m}{2} \omega_0^2 (a_2^2 - a_1^2) = \frac{h\,\omega_0}{2\pi}\ \text{usf.} \tag{7}$$

sein. Durch eine besondere Begründung wird nun dargetan, daß $E_0 = h\,\omega_0/4\pi$ ist. Dann folgt

$$\left.\begin{aligned}
E_1 &= E_0 + \frac{h\,\omega_0}{2\pi} = \left(1 + \tfrac{1}{2}\right)\frac{h\,\omega_0}{2\pi} \\[2mm]
E_2 &= E_1 + \frac{h\,\omega_0}{\pi} = \left(2 + \tfrac{1}{2}\right)\frac{h\,\omega_0}{2\pi} \\[1mm]
&\ \ \cdot \ \cdot \ \cdot \ \cdot \ \cdot \ \cdot \ \cdot \ \cdot \ \cdot \\[1mm]
E_n &= \qquad\quad = \left(n + \tfrac{1}{2}\right)\frac{h\,\omega_0}{2\pi}
\end{aligned}\right\} \tag{8}$$

Den zu E_0 gehörenden Ausschlag als $= 0$ angenommen, folgt weiter

$$a_1^2 = \frac{h}{\pi\,m\,\omega_0}\ ; \qquad a_2^2 = \frac{2\,h}{\pi\,m\,\omega_0} \ldots \qquad a_n^2 = \frac{n\,h}{\pi\,m\,\omega_0} \tag{9}$$

Die „Quantenmechanik" ist nun ein System von Rechenregeln, durch welche aus den unendlich vielen möglichen Lösungen von Gl. (4) nur die nach Gl. (9) zulässigen herausgegriffen werden können. Zu diesem Behufe wird, wie man bei Sommerfeld im Einzelnen dargestellt findet Gl. (5) durch die allgemeine Form

$$q_{ik} = a_{ik} e^{j\,\omega_{ik} t} \quad \text{wo } j = \sqrt{-1} \tag{10}$$

mit komplexem a_{ik} ersetzt und dem Übergang von E_i zu E_k zugeordnet mit verallgemeinertem ω_{ik}. Eine quadratische Tabelle

$$\begin{matrix}
q_{11} & q_{12} & q_{13} & \cdots & q_{1n} \\
q_{21} & q_{22} & q_{23} & \cdots & q_{2n} \\
\cdot & \cdot & \cdot & \cdot & \cdot & \cdot \\
q_{n1} & q_{n2} & q_{n3} & \cdots & q_{nn}
\end{matrix} \tag{11}$$

wird die Matrix der q genannt, an der man zunächst die Eigenschaft $q_{ik} = q_{ki}^*$ (wo der Stern den Übergang zur konjugiert komplexen Form (d. h. Ersatz des j durch $-j$ bedeutet) feststellt. Weiterhin wird erwiesen, daß nur die Nachbarelemente der Diagonalglieder (q_{ii}) von Null verschieden sind. Für den zugehörigen Impuls $p = m\dot{q}$ gilt eine ähnliche Matrix. Als Multiplikationsregel wird ähnlich wie bei Determinanten die Form

$$(p\,q)_{ik} = \sum_r p_{ir}\,q_{rk} \tag{12}$$

aufgestellt, wobei, wie ersichtlich, die zeilenweis genommenen Glieder der Matrix p mit den kolonnenweise genommenen Gliedern der Matrix q vermehrt werden. Aus diesem Grunde gilt hier im allgemeinen die Regel von der Vertauschbarkeit der Faktoren nicht mehr d. h. $(pq)_{ik} \neq (qp)_{ik}$. Dieser Umstand dient höchst merkwürdigerweise dazu, eine Auswahlregel für die zulässigen q-Werte zu schaffen durch Aufstellung der sogenannten **Vertauschungsrelation**

$$p_k\,q_l - q_l\,p_k = \frac{h}{2\pi\,j}\,\delta_{kl} \quad \left(\text{wo } \delta_{kl}\begin{cases} = 1 \text{ für } k = l \\ = 0 \ \ \text{,, } \ k \neq l \end{cases}\right) \tag{13}$$

Aus dem Umstand, daß ω_{ki} nach Gl. (4) nur $+\omega_0$ oder $-\omega_0$ sein darf, und der Festsetzung, daß für $\omega_{ik} = +\omega_0$ der Übergang von i zu $i-1$ und für $\omega_{ik} = -\omega_0$ derjenige von i zu $i+1$ verstanden sein soll, werden mittels Gl. (13) die Werte $|q_{1,0}|^2$; $|q_{2,1}|^2 \ldots$ abgeleitet und schließlich als Konsequenz all dieser Rechenregeln die Beziehungen Gl. (8) als gültig erwiesen.

b) Wellenmechanik. Obige ganz flüchtige Beschreibung dürfte eine Vorstellung vom Verfahren, aber auch von der Abstraktheit der quantenmechanischen Methoden vermitteln und begreiflich machen, warum sogar in Physikerkreisen die durch Schrödinger erzielte Vereinfachung, der die diskontinuierlichen Lösungen mittels gewöhnlicher Differentialgleichungen abzuleiten vermochte, mit Begeisterung aufgenommen wurde.

Der Grundgedanke dieser „Wellenmechanik" stammt von de Broglie, der — bevor noch Versuche Aussichten nach dieser Richtung eröffnet hätten — die verblüffend kühne Hypothese aufstellte, daß auch die Korpuskeln durch eine Wellenbewegung darstellbar sein müssen. Er überträgt Einsteinische, auf Lichtquanten Bezug habende Formeln, wo der Impuls $J = mc = mc^2/c$ und da $E = mc^2 = h\nu$; $c = \lambda\nu$ also $J = E/c = h/\lambda$ auf die materiellen Korpuskeln, die mit der Geschwindigkeit v bewegt werden und setzt:

$$J = mv = \frac{h}{\lambda} \quad \text{daraus:} \quad \lambda = \frac{h}{mv} \tag{14}$$

Die weitere Ausarbeitung in seinem Lehrbuch betont die Verwandtschaft seiner Lehre mit Anregungen aus der Wellenoptik. Er nimmt eine solche Abhängigkeit der Materiewellen von der potentiellen Energie des Feldes an, daß die zu den Wellenflächen senkrecht stehenden „Strahlen" mit gewissen Bahnen von im gleichen Kraftfeld sich bewegenden Massenpunkten identisch werden, solange die Wellenlänge sehr klein bleibt gegen die Abmessungen der Bahnen.

Auf diese Weise würde ein Strom von gleichförmig geradlinig bewegten materiellen Partikeln gleichwertig mit einer monochromatischen Welle mit der Wellenlänge nach (Gl. 14) und damit wäre die Möglichkeit der Interferenz postuliert, aber natürlich noch keine Erklärung für die Doppelnatur der Partikel gegeben.

Von dieser Grundlage aus machte Schrödinger einen mächtigen Schritt nach vorwärts, durch Aufstellung einer neuen Schwingungsgleichung für Materiewellen frei beweglicher Teilchen in der Form

$$-\frac{h^2}{4\pi^2}\frac{1}{2m_0}\sum \Delta\psi + V\cdot\psi = \frac{h}{2\pi^2}\frac{\partial\psi}{\partial t} \tag{15}$$

In kartesischen Koordinaten bedeutet bei N-Teilchen

$$\Delta\psi = \frac{\partial^2\psi}{\partial x_1^2} + \frac{\partial^2\psi}{\partial y_1^2} + \frac{\partial^2\psi}{\partial z_1^2} + \cdots \qquad \cdots + \frac{\partial^2\psi}{\partial x_N^2} + \frac{\partial^2\psi}{\partial y_N^2} + \frac{\partial^2\psi}{\partial z_N^2}\cdots \tag{15a}$$

Für rein periodische Vorgänge wendet man die Substitution

$$\psi = u\,e^{2\pi i\nu t} \tag{15b}$$

an, die mit Beachtung des Grundsatzes, daß die Gesamtenergie eines schwingenden Gebildes der Bedingung

$$E = h\nu \tag{15c}$$

genügen muß (also $\nu = E/h$ ist), auf

$$-\frac{h^2}{8\pi^2 m_0}\sum \Delta u + (V - E)u = 0 \tag{16}$$

führt. Der weittragende Erfolg dieses Ansatzes besteht in der zwangsweisen Ableitung der Quantenregel, indem, wie mathematisch bewiesen wird, die Funktion u in Gl. (16) im allgemeinen nur für bestimmte Größen, die „Eigenwerte" der

Energie E von Null verschieden sein kann, so daß beispielsweise für den linearen Oszillator die grundlegende Beziehung Gl. (8), d. h.

$$E_n = \left(n + \frac{1}{2}\right)\left(\frac{h\,\omega_0}{2\,\pi}\right)$$

aber auch der wichtige Satz, daß im tiefsten Quantenzustand

$$E_0 = \frac{1}{2}\left(\frac{h\,\omega_0}{2\,\pi}\right)$$

die sogenannte „Nullpunktenergie" auftritt, als mathematische Folge der Gl. (15) bzw. (16) abgeleitet werden konnten.

Der früher unbegreifliche Zwang, daß ein so elementares Gebilde, wie der lineare Oszillator stationär nur bei bestimmten, gemäß einer arithmetischen Reihe wachsenden Energiegrößen schwingen kann, ist hier eine notwendige Folgerung aus einer überaus glücklich gewählten Grundgleichung, die **als Vertiefung der Naturgesetze anerkannt werden muß.** Als Beispiel viel belangloserer Art sei die schwingende Seite erwähnt, der die Aufteilung in 1, 2, ... schwingende gleiche Abteilungen durch die bekannte Schwingungsgleichung in ähnlicher Weise aufgezwungen wird.

Was aber ist die Bedeutung der noch nicht näher erklärten ψ oder u? Nach Schrödinger sollte das Produkt des ψ mit der konjugiert komplexen Größe ψ^* und der Masse der Elektronen

$$m\,\psi\,\psi^* = \varrho$$

gleich der Massendichte, und wenn mit e, der Elementarladung der Elektronen vermehrt, gleich der Dichte der elektrischen Ladung am betreffenden Ort zur betreffenden Zeit sein. Indem man zu verschiedenen Eigenwerten gehörende Lösungen ψ summiert, erhält man ein sog. Wellenpaket. Wenn man die Auswahl so getroffen hat, daß die Wellen sich nur auf einem beschränkten Raumgebiet summieren, darüber hinaus durch Interferenz auslöschen, so wird ein Massenpunkt dargestellt, der also aus einer Gruppe dicht angrenzender, sinnförmiger Elongationen, eines schwer definierbaren Agens besteht, deren Amplitude, wie man es von den Schwebungsfiguren her kennt, nach beiden Seiten abfällt.

So würde auch das ursprünglich partikelartige kreisende Elektron in eine mehr oder minder ausgedehnte (die Physiker sagen derb „verschmierte") „Ladungswolke" aufgelöst, die sich theoretisch, wenn auch mit verschwindend kleiner Dichte bis ins Unendliche fortsetzt.

Die Vorstellung, daß auf diese Weise eine gegenseitige (wenn auch zarteste) Durchdingung aller Wesen eintreten müßte, war nicht eigentlich unsympathisch. Die sich häufenden Beobachtungen über die unzweifelhaft korpuskularen Manifestation der Elektronen zwangen indes bald zu derjenigen Abänderung der Schrödingerschen Vorstellung, **die als die eigentliche alles übertönende Sensation der neuen Physik anzusehen ist,** da sie das bis anhin für festbegründet angesehene Gesetz der strengen Kausalität radikal über den Haufen zu werfen scheint.

Nach Born, Heisinger, Pauli und heute wohl einmütig allen namhaften Physikern stellt die Größe

$$\psi\,\psi^*$$

nicht die Dichte, sondern **die Wahrscheinlichkeit dar, das Materiepartikel am betreffenden Ort zur betreffenden Zeit anzutreffen.** (Genauer gesagt ist $\psi\psi^* \, d\,v$ die Wahrscheinlichkeit das Partikel im Raumteil $d\,v$ anzutreffen.) Dabei kann der Begriff der Wahrscheinlichkeit auf zwei Weisen erklärt werden. Beobachtet man während einer hinreichend langen Zeit T die Vorgänge an einem Ort, und hält sich die Partikel während t Sekunden dort auf, so wird die physikalische Wahrscheinlichkeit als der Quotient

$$w = \frac{t}{T} = \psi\,\psi^* \qquad (17)$$

definiert. (Diese Betrachtung ist durchführbar, sofern ψ nicht von der Zeit abhängt.) Zum gleichen Ergebnis gelangt man, wenn man eine große Zahl N von ursprünglich gleichen Systemen „gleichzeitig“ betrachtet und „statistisch“ auszählt. Wenn in n davon die Partikel sich im Raumteil dv befindet, so ist die Wahrscheinlichkeit

$$w = \frac{n}{N} \qquad (17\,\mathrm{a})$$

Es handelt sich also in der neuen Physik **nicht um absolute,** sondern um sog. **statistische Gesetzmäßigkeiten.**

Welche Kräfte zwingen die Partikel, die wir uns als einen im Raume blind irrenden Punkt vorzustellen haben, sich in regellosen Intervallen immer wieder in dem betrachteten Raumteil einzufinden und dort so lange zu verharren, daß die Summe der Aufenthalte mit der Gesamtzeit gerade den Quotienten Gl. (17) ergibt? Es wird ihr auch kein pedantischer Stundenplan vorgeschrieben; sie kann einmal sehr lange ausbleiben, aber je länger man beobachtet, desto strenger sieht ihr unbekannter Gebieter auf die Einhaltung des Gesetzes Gl. (17) oder (17a). Dahin sind die Zeiten, da die Physik ihren Jüngern das Begreifen der Natur durch mechanische Modelle, Zug- oder Druckkräfte, wobei das Schiebende und das Geschobene so deutlich unterschieden werden konnten, zu erleichtern vermochte.

Im Sinne der Wahrscheinlichkeits-Auffassung kann die ursprünglich vorherrschend gewesene **qualvolle Unbegreiflichkeit** der **Doppelnatur der Elektronen als Partikel und als Welle erheblich gemildert** werden, indem man die eigentliche Realität nur der Erscheinungsform als „Partikel“ zuspricht und, wie de Broglie darlegt[1], die Welle nur als symbolische Darstellung der Wahrscheinlichkeitsverteilung gelten läßt.

Ja man könnte wie nachfolgende Betrachtung lehrt, diese Auffassung als die einzig zulässige hinstellen. Ein Strom von Elektronen den wir durch einen engen Schlitz auf einen lichtempfindlichen Schirm leiten, wird sich dort der Quere nach ausbreiten und eine Schwärzung hervorrufen, deren Intensität genau dem Interferenzbild entspricht den ein Lichtstrahl durch die am Lochrand auftretende Beugung und daraus folgende Interferenz erzeugen würde. Im Sinne der ursprünglichen Deutung würde man annehmen, daß die Elektronen unterwegs ihre Partikelnatur aufgebend sich in Wellen verwandeln die am Lochrand gebeugt, naturgemäß zur Interferenz gelangen. Allein, wenn man ein einziges Elektron hindurchtreten läßt, was möglich ist, so reicht seine Energie als „Welle“ nicht hin, eine ausgebreitete Schwärzung hervorzurufen.

---

[1] A. a. O. am nachdrücklichsten S. 165, 2. Abs. oben.

Auch 100 ja 1000 reichen dazu nicht hin. Eine einzelne Korpuskel kann jedoch keine Interferenz erzeugen, hingegen wohl den Schirm an einem unbestimmten Punkt schwärzen; die richtigen Intensitätsunterschiede kommen jedoch heraus, wenn man genügend viele Elektronen abgeschossen hat. Als zulässig bleibt also nur die Annahme übrig, daß die Elektronen stets Korpuskel bleiben, daß sie aber durch unbekannte Kräfte gezwungen werden sich am Schirm gemäß der Intensität der Interferenzfigur zu verteilen.

Auf diese Weise würde entgegen weit verbreiteten Darstellungsweisen der Zwang vermieden, daß man sich eine und dieselbe Wesenheit bald unter dem Bilde des Partikels bald dem einer Wellenschwingung vorzustellen hätte. Allein es muß betont werden, daß z.B. ein Elektron auch dann nicht mit den klassischen Korpuskeleigenschaften ausgestaltet gedacht werden darf. Man darf an keine bestimmte Bahn denken und die Kraft, die den Schwarm an die richtigen Stellen treibt, bleibt mysteriös. Außerdem kommt man um die Benützung einer Frequenz nicht herum, was eigentümlich wirkt, wenn doch keine Schwingung vorhanden sein soll.

Zu diesen Schwierigkeiten tritt eine neue, in der Gestalt einer Schranke hinzu, bekannt als die **Unbestimmtheitsrelation von Heisenberg.** Beobachtungen im Makroskopischen erfolgen meist so, daß man durch Lichtstrahlen im Auge oder auf empfindlichen Platten „Raum-Zeit-Koindizenzen" fixiert, d. h. Stellungen im Raume und die entsprechenden Zeiten feststellt. Das wahre Weben der Natur spielt sich aber im Mikroskopischen, im Atomaren ab, und wenn wir auch nur mit Lichtstrahlen, d. h. Lichtquanten (Photonen) intervenieren, so beeinflussen wir den Vorgang doch ein wenig oder auch bis zu seiner gründlichen Entstellung. Ähnlich wie wenn man im Fußballspiel die Lage des Balles durch Anwurf und Rückprall eines gleichgroßen Balles feststellen wollte.

Das aus dieser schwierigen Situation fließende Gesetz hat Heisenberg neben einem allgemeinen quantenmechanischen Beweis in folgender, ganz elementarer Weise an einem ebenen Wellenpaket abgeleitet. Dieses soll, bei λ_0 als mittlerer Wellenlänge, eine Raumlänge $\varDelta q$ einnehmen, so daß es mithin ungefähr $\varDelta q/\lambda_0 = n$ Wellenberge und Täler umfaßt. Damit sich die Wellen außerhalb der Strecke $\varDelta q$ kompensieren, muß das Paket verschiedenartige Wellen enthalten, darunter auch mindestens solche von welchen etwa $n + 1$ auf $\varDelta q$ entfallen, mit der Wellenlänge $\lambda_0 - \varDelta\lambda$, d. h. es muß $\dfrac{\varDelta q}{\lambda_0 - \varDelta\lambda} \gtreqqless n+1$; hieraus folgt angenähert

$$\frac{\varDelta q}{\lambda_0 - \varDelta\lambda} - \frac{\varDelta q}{\lambda_0} \cong \frac{\varDelta q}{\lambda_0^2}\,\varDelta\lambda.$$ Wenn μ die Elektronenmasse ist, so ist die Geschwindigkeit des dargestellten Partikels nach de Broglie Gl. (14) $v = h/\mu\lambda_0$. Der Impuls ist $p = \mu v$. Wegen $\varDelta\lambda$ nimmt v bis $v' = h/\mu\lambda'$ zu, und es ist

$$\varDelta v = v' - v = \frac{h}{\mu(\lambda_0 - \varDelta\lambda)} - \frac{h}{\mu\lambda_0} \cong \frac{h}{\mu\lambda_0^2}\,\varDelta\lambda$$

Mithin schwankt der Impuls mindestens um

$$\varDelta p = \mu\,\varDelta v = \frac{h}{\lambda_0^2}\,\varDelta\lambda$$

und wir erhalten

$$\varDelta q \cdot \varDelta p \gtreqqless \frac{\lambda_0^2}{\varDelta\lambda} \cdot \frac{h}{\lambda_0^2}\,\varDelta\lambda \gtreqqless h \tag{18}$$

Der Sinn dieser berühmten Ungenauigkeitsrelation geht über den Inhalt der gar populären Ableitung erheblich hinaus. Die Meinung ist, daß wenn der Ort eines Elektrons durch Ausmessung der Paketbreite bis auf den Betrag $\varDelta q$

fixiert wurde, die Grenzen seiner beobachtbaren Impulsgröße um mindestens Δp gemäß Gl. (18) schwanken müssen, so daß durch keine noch so genaue Messung das Produkt dieser Fehlergrößen unter die in Gl. (18) angegebene Grenze herabgedrückt werden kann. Hat man also in einem andern Fall festgestellt, daß Δq zehnmal so klein ist, so wird die Bestimmung von p mit einem Fehler behaftet sein, der zehnmal größer ist als vorhin.

Es ist also **grundsätzlich für alle Zukunft unmöglich**, über atomare Vorgänge durch noch so verfeinerte Versuche **genaue Auskunft zu erlangen — die Natur breitet einen Schleier darüber aus.** Oder besser: sie kann beim besten Willen nicht anders, da sie selbst kein feineres Meßmittel zur Verfügung hat als Elektronen oder Lichtquanten, die bei jeder atomaren Messung den Vorgang stören. Auf einmal wird uns klar, welch ungeheure Naivität der älteren Physik es war, diese nunmehr selbstverständliche Tatsache der „gottgewollten" Ungenauigkeit zu übersehen und uns in ein falsches Gefühl absoluter Meßmöglichkeit einzulullen. Wenn aber der Anfangszustand keines Systemes genau angebbar ist, so verstehen wir, wie auch die Aussagen über künftige Zustände nicht genau sein können, sondern sich auf „Wahrscheinlichkeiten" beschränken müssen.

Übertretungsmöglichkeiten des bis anhin für unerschütterlich gehaltenen, dem Ingenieur überaus teuren **Grundsatzes der Erhaltung der Energie.** De Broglie weist nach, daß wenn man das Integral von Gl. (15) allgemein als

$$\psi = u\,e^{\frac{2\pi i}{h}\varphi}$$

ansetzt, die Geschwindigkeit des die Welle vertretenden materiellen Punktes vektoriell als

$$v = -\frac{1}{m}\,\mathrm{Grad}\,\varphi$$

dargestellt und die Bewegungsgleichungen in der Form

$$m\frac{d^2x}{dt^2} = P_x + Q_x \quad \text{(ähnlich für } y,\,z) \tag{19}$$

geschrieben werden können. Hierin ist P_x die x-Komponente der gegebenen Außenkraft, Q_x aber die x-Komponente der durch die wellenmechanische Grundlage **hinzutretenden mysteriösen „Quantenkraft",** und so stellt de Broglie[1] fest, daß für die Bewegung der Massenpunkte, die er auch „Wahrscheinlichkeitselemente" nennt Impuls und Energiesatz ihre Geltung verlieren. Wenn man hingegen nach **Ehrenfest** den Schwerpunkt der Wahrscheinlichkeitswolke gemäß Formel $\overline{x} = \iiint x\,\varrho\varrho^{*}\,dV$ und den Mittelwert der äußeren Kraft gemäß Formel $\overline{F}_x = \iiint f_x\,\varrho\varrho^{*}\,dV$ ermittelt, dann gelten die klassischen Bewegungsgleichungen

$$m\frac{d^2\overline{x}}{dt^2} = \overline{F}_x \quad \text{(ähnlich für } y,\,z) \tag{20}$$

Wenn also für eine Partikel eine Wahrscheinlichkeitswolke von sehr kleiner Ausdehnung (ein „Kügelchen") als Existenzraum zur Verfügung steht, so **gilt für den Schwerpunkt des „Kügelchens" die alte Mechanik.** Wenn man aber nicht nur die Bewegung des Schwerpunktes, sondern die des Elektrons selbst ins Auge faßt, so gilt, wie zu betonen ist, Gl. (19) und diese hat einen Einbruch in das Energieprinzip zur Folge. Am auffallendsten kommt dies beim **Einbetten**

---

[1] A. a. O. S. 98 und wieder S. 170.

einer Elektronenwolke zwischen zwei „Potentialberge", d. h. elektrischer Felder zum Ausdruck, zu deren Durchquerung ein Elektron bei ungenügender Energie ebensowenig imstande sein sollte, wie eine Walze, die sich bei ungenügender kinetischer Energie umsonst abmüht über einen zu hohen Hügel hinweg zu rollen. Die Integrale der Schrödingerschen Gleichung[1] lehren aber, daß die Wahrscheinlichkeit für das Antreffen von Elektronen außerhalb des Potentialwalles keineswegs Null ist; wenn wir also genügend lange beobachten, werden dort Elektronen auftauchen, die durch den Wall hindurch mußten. Wie sie dies anstellen, kann die Wellenmechanik nicht veranschaulichen und sich auch nicht auf den Satz von Ehrenfest beziehen, denn dieser verbietet bloß, daß der Schwerpunkt der Wahrscheinlichkeitswolke über den Wall gelangt, wohl aber kann die Wolke „Nebelschwaden" ins jenseitige Tal aussenden. Dieser Vorgang findet sein Seitenstück in dem Eindringen von Lichtstrahlen in das Spiegelmaterial bei totaler Reflexion, was dort mit dem Energiesatz voll vereinbar ist, beim Elektron nicht. Doch muß bemerkt werden, daß sich nie eine Situation einstellen kann, bei der ein Perpetuum mobile entstünde; auch dann nicht, wenn man das Elektron gerade während des Überganges durch den Wall beobachtet, sofern nur die Energie des Beobachtungsphotons in die Rechnung mit eingestellt wird. —

Große begriffliche Schwierigkeiten bietet der **vieldimensionale „Konfigurationsraum" von Schrödinger**, der durch die allgemeine Wellengleichung Gl. (15) heraufbeschworen wird. Während die klassische Mechanik für jeden Massenpunkt eines Systemes die ihm zugehörigen Bewegungsgleichungen unter Einführung der Wechselwirkungen der Punkte aufeinander aufstellt, liefert Gl. (15) einheitlich die Lösung des Feldskalars ψ für alle N-Punkte des Systems, als Abhängige von dessen $3\,N$ (oder wenn Bindungen zwischen den Punkten vorhanden sind, entsprechend weniger) Koordinaten. Wenn schon das unmittelbare Ergebnis

$$\psi = U\,(x_1, y_1, z_1 \ldots x_N, y_N, z_N, t)\, e^{\frac{2\pi i}{h}\varphi} \tag{21}$$

einfach als Funktion mehrerer Variablen aufgefaßt und behandelt werden darf, so stellt sich doch die Notwendigkeit heraus diese Funktion auf einen $3\,N$ dimensionalen Raum zu beziehen, da verschiedene Rechenoperationen, z. B. Integrationen, nicht nach dem Element des einfachen wirklichen Raumes, in welchem sich der Vorgang abspielt, sondern nach dem Element $dV = \sqrt{\mu}\,dx_1,\,dx_2 \ldots dz_N$ des N-dimensionalen Raumes (wo $\sqrt{\mu}$ eine gewisse Determinante bedeutet) zu erfolgen haben. Mit Erstaunen erfahren wir, daß ähnlich der allgemeinen Relativität auch die Wellenmechanik auf Riemannsche Räume (noch verwickelterer Art) angewiesen ist mit der Maßbestimmung $ds^2 = \sum\limits_{ik} \mu_{ik}\, dq_i\, dq_k$

oder im Falle freier Massen $m_1\, m_2 \ldots$ mit kartesischen Koordinaten

$$ds^2 = m_1\left(dx_1^2 + dy^2 + dz_1^2\right) + \ldots m_N\left(dx_N^2 + dy_N^2 + dz_N^2\right)$$

Aus der vollständigen Lösung der Differentialgleichung wird dann die Massen- oder Ladungsdichte nach einem Schema berechnet, das Planck[2] zum folgenden Ausspruch veranlaßt hat: „In der neuen Mechanik befindet sich jeder einzelne

---

[1] Frenkel: Einführung in die Wellenmechanik. Berlin: Julius Springer 1929. S. 53 u. ff.
[2] Das Weltbild der neuen Physik, 1929, S. 25 Mitte.

materielle Punkt des Systemes zu jeder Zeit in gewissem Sinne an sämtlichen Stellen des ganzen dem System zur Verfügung stehenden Raumes zugleich, und nicht etwa nur mit dem Kraftfeld, das er um sich verbreitet, nein, mit seiner eigenen Masse und mit seiner eigenen Ladung".

Schrödinger drückt sich[1] etwas milder aus, und benützt den Vorbehalt „wenn man Paradoxien liebt". Man wird nicht fehlgehen, wenn man den Ausspruch Plancks in die Form umkleidet: „In der neuen Mechanik wird die Dichte (besser Wahrscheinlichkeit) in einem Punkte des Kontigurationsraumes berechnet, **als ob** sich alle Partikel in diesem Punkte befinden" mit weiteren Vorbehalten über die Berechnungsart, die nur mathematisch an Hand des Schrödingerschen Textes klar zu erfassen ist. Daß ψ wie in Gl. (21) ausgeschrieben wesentlich komplex ist, erhöht die Abstraktheit des vieldimensionalen Raumes.

Trotz dieser Verwickelung ist die Schrödingersche Theorie außerstande einmal der Forderungen der Relativität allgemein zu genügen, dann den Erscheinungen Rechnung zu tragen, die der sogenannte „Elektronenspin" hervorruft. Hierunter versteht man den endlichen Drehimpuls, den die Rotation der Elektronen um ihre eigene Achse erzeugt, — eine auch von physikalischer Seite[2] als „gekünstelt, aus den Wolken gefallen, unbehaglich" bezeichnete, indes bis heute unentbehrliche Annahme. Die Lösung dieser Rätsel und Schwierigkeiten brachte Dirac, der sich eine eigene Algebra von sog. „q-Zahlen" schuf, die mit den Heisenbergschen Matrizen verwandt aber viel verwickelter sind. Aus seinen Grundannahmen folgt, daß bei Anwesenheit von Außenkräften an der Schrödingergleichung eine Korrektur anzubringen ist, als deren Wirkung sich gerade die Effekte einstellen, die dem Elektronenspin zukommen. Dieser Ersatz wird indes durch den sehr verwickelten mathematischen Apparat und seine überaus abstrakten Formulierungen der Lehrsätze teuer erkauft, so daß nach Diracs eigenen Worten der Student der Physik nur nach und nach, allmählich mit den neuen Grundbegriffen vertraut werden kann. Übrigens übt Heisenberg scharfe Kritik[3] an den Konsequenzen der Diracschen relativistischen Fassung der Wellengleichung, da diese zu jeder Lösung eines Atomproblems mit positiver Energie unendlich viele mögliche Lösungen mit negativer kinetischer Energie liefert.

Wellenmechanik ununterscheidbarer Teilchen. Wenn ein Elektronenschwarm oder ein materielles System, wie ein Gas, vorliegt, dessen einzelne Teilchen in dem Sinne vollkommen gleich sind, daß durch kein denkbares Experiment ein Unterschied zwischen ihnen festgestellt werden kann, führt die Wellenmechanik auf eigenartige, aber durch die Erfahrung bestätigte Folgerungen, welche die klassische Mechanik, wie sich March ausdrückt, **auch nicht andeutungsweise hätte voraussehen können.** Die von der oben angeführten allgemeinen Schrödinger-Gleichung (15a) gelieferten Integrale müssen dann einer besonderen Bedingung unterworfen werden. Wären die Teilchen verschieden, so wäre die Wahrscheinlichkeit, daß sich beispielsweise Teilchen a an der Stelle 1 ($= x_1, y_1, z_1$) und Teilchen b an der Stelle 2 ($= x_2, y_2, z_2$) befinden, eine andere, als die, daß a bei 2 und b bei 1 erscheint. Sobald aber a und b ununterscheidbar sind, ist

---

[1] Abhandlung zur Wellenmechanik, 1927, S. 165.
[2] Lanczos: Physik. Ztschr. 31, 120 (1930).   [3] A. a. O. S. 76.

die Anwesenheit von a in 1 und b in 2 physikalisch derselbe Vorgang wie die Anwesenheit von b in 1 und a in 2. Die Wahrscheinlichkeitsfunktion muß also denselben Wert ergeben, wenn wir x_1, y_1, z_1 und x_2, y_2, z_2 vertauschen. Es zeigt sich, daß die Lösungen der Amplitudenfunktion nun entweder in **symmetrischer** Form erscheinen, die beim Vertauschen von 1 und 2 gleichbleibt oder in der **antisymmetrischen** Form, die beim Vertauschen das Vorzeichen wechselt. Da die Wahrscheinlichkeitsfunktion $= u\,u^*$ ist, so wird eine Vertauschung von 1 mit 2 keine Vorzeichenänderung hervorrufen, wenn sie sich **entweder** nur aus den **symmetrischen oder** nur aus den **antisymmetrischen** Lösungen zusammensetzt (weil für letztere $u\,u^* = $ dem Quadrat des Absolutbetrages, also positiv bleibt). Die Entscheidung, welche Lösungen im besonderen Fall beizubehalten sind, bringt das **Paulische Verbot** gemäß welchem bei **aus Elektronen bestehenden Systemen in der Natur nur die antisymmetrischen Lösungen vorkommen.**

Dieser Satz und die Wellentheorie wurden durch die Experimentalbefunde am Wasserstoff- und Heliumatom in glänzender Weise bestätigt, was einen Triumph der Theorie bildet. Die angewendeten Überlegungen sind recht heikler Natur und beanspruchen volle Vertiefung, lohnen aber die aufgewendete Mühe durch den ästhetischen Genuß an der Feinheit der Beweisführung.

Bekannt und schon in Normallehrbücher der Physik übergegangen sind die unvergleichlich vertieften und aufschlußreichen Einsichten in den Bau der höher „organisierten" Atome und Moleküle, die in der neuen Darstellung des „periodischen Systemes" der Elemente gipfeln.

Diese leicht zugänglichen Ergebnisse übergehend, wollen wir noch kurz auf neueste Bestrebungen der Wellenmechanik hinweisen, die sich die Eliminierung des $3\,N$ dimensionalen Raumes von Schrödinger zum Ziele setzen. In den hierzu gehörenden Arbeiten von Dirac, Jordan, Pauli Klein[1] wird zwar die Schrödingersche „Zeitgleichung" Gl. (15) als Grundlage beibehalten, und deren allgemeines Integral

$$u(x\,y\,z\,t) = \sum_n x_n \psi_n\, e^{\frac{2\,\pi\,i}{h} E_n t} \tag{22}$$

in dessen ursprünglichem Sinn als Überlagerung von wirklichen Schwingungen der leider unreellen Größe ψ_n im gewöhnlichen Raum interpretiert. Demgemäß wird auch

$$u(x\,y\,z\,t) \cdot u^*(x\,y\,z\,t)$$

als die wirkliche Materiendichte an der Raum-Zeit-Stelle $x\,y\,z\,t$ aufgefaßt, aber alles nur als Vorspiel zu einem Übergang höchst eigentümlicher Art. Das in Gl. (22) dargestellte Wellenfeld wird nämlich, wie man sich ausdrückt: „abgebildet" auf eine unendliche Anzahl von besonderen Oszillatoren. Handelt es sich um ein elektromagnetisches Feld, so könnte dieses tatsächlich durch oszillierende Elektronen erzeugt werden. Hier wo Materiewellen in Frage kommen, müßte man dem Oszillator die Eigenschaft zusprechen, die „Materiewellen" Gl. (22) zu erzeugen. Zum Schluß wird jedoch die Schwingung des einzelnen Oszillators nicht „klassisch" aufgefaßt, sondern angenommen, daß für seine Energiestufen nur die in Gl. (8) angeschriebenen sprungweise verschiedenen quantenmechanisch motivierten Werte zulässig sind. Das Ergebnis dieser zwar verwickelten aber durchsichtigen Rechnung ist, daß das Wellenfeld Gl. (22) sich in bezug auf Energie und Masse in nichts von einer korpuskularen Materienmenge unterscheidet, sofern sie aus Partikeln vollkommen gleicher Beschaffenheit besteht.

Ganz ähnlich ist die Herleitung der Auffassung, daß eine bestimmte Lichtmenge gleiche Wirkungen ausübt, ob wir sie als Wellenschwingung eines gegen Maxwell entsprechend modifizierten, elektromagnetischen Wellenfeldes oder als ein aus Lichtquanten (Photonen)

---

[1] Nach der sehr klaren Darstellung von March: Grundlagen der Quantenmechanik. S. 280ff.

bestehendes Gas ansehen. Daß hiermit die Äquivalenz der Partikel- und der Wellenauffassung erwiesen wird, beeinträchtigt die oben skizzierte Möglichkeit, dem Partikelbild die Vorherrschaft einzuräumen, durchaus nicht. Die Erscheinungsform, in welcher Licht oder Materie auftreten, würde allerdings von der Art der Experimente abhängen, denen wir sie unterwerfen. So z. B. würde beim photoelektrischen Effekt das Licht sich in die Gestalt der Quanten kleiden und bei der Elektroneninterferenz von Davisson und Germer die Materie die Gestalt einer Wellenschwingung annehmen.

Ist es nicht inkonsequent, wenn beispielsweise March[1] trotzdem zu der Ansicht neigt, daß das elektromagnetische Feld die „eigentliche" Natur des Lichtes ausmacht, aus welcher die Partikelerscheinung bloß „zu verstehen" sei. Und für die Materie sei die Wellenform nur als „Bild" zu verstehen (schon weil die unreelle komplexe Funktion u auch kaum die „Realität" der Materie darstellen kann), das allerdings über alle Erscheinungen widerspruchsfreie Auskunft liefert.

Allein obschon widerspruchsfrei, ist die Theorie, wie sich March ausdrückt, mit einem „Schönheitsfehler" behaftet, da nämlich die Energie der so aus dem Wellenfeld abgeleiteten Korpuskeln beim absoluten Nullpunkt der Temperatur unendlich groß wird. Außerdem muß bei den Elektronen, die innerhalb der Metalle **die elektrische Leitung besorgen, die so-genannte Fermi-Paulische-**, bei den gewöhnlichen Gasen **die Bose-Einstein**-Statistik für die Energieverteilung angewendet werden. Bei der ersteren darf im Sinne des „**Pauli-Verbotes**" jeder Quantenzustand nur von einem einzigen Elektron besetzt werden. Diese Folgerung bezeichnet ein so prominenter Meister wie Sommerfeld[2] als kühn, **ja als eigentlich gegen den gesunden Menschenverstand verstoßend.** In einem Kupferdraht sollte hiernach jedes Leitungselektron um jedes andere wissen, und das wäre, wenn das Elektron eine Korpuskel ist, unmöglich. Als Welle hingegen könnte es **das ganze Innere des Metalles abtasten,** um den rechten Platz, den es im Energieniveau einzunehmen hat, herauszufinden. Prof. Pauli wies mich demgegenüber auf die Formel der Wahrscheinlichkeit für zwei Partikel hin, die von der Summe der den einzelnen zukommenden Wahrscheinlichkeiten abweicht, sobald sich **die Wahrscheinlichkeitswolken der Teilchen auch nur teilweise überdecken können.** In diesem Falle wäre, obschon die Teilchen nicht unmittelbar zum Stoß zu kommen brauchen, durch die geheimnisvollen Quantenkräfte innerhalb jener Wolken eine **gegenseitige Beeinflussung denkbar.** Daraus ergibt sich eine Stütze der Auffassung, daß man überall an dem Partikelbild, als dem Primären, festhalten darf. Immerhin fragt es sich, wie viel Zeit ein einzelnes Elektron braucht, um durch solche geisterhaften Berührungen mit unzähligen anderen, den Quantenplatz herauszufinden, den es einzunehmen hat. Nicht minder mysteriös ist freilich bei der gegenteiligen Auffassung, vermöge welcher Wirkungen die einzelne Welle bei jenem Abtasten sich Kenntnis über die vorhandene Situation verschafft.

Kernphysik. Bekanntlich ist es Rutherford als erstem gelungen, den Kern des Stickstoffes durch Beschießung mit α-(d. h. Helium)-Teilchen von großer Geschwindigkeit zu zertrümmern. Seither konnten die Kerne einer ganzen Anzahl von Elementen ähnlich zertrümmert werden und man hat eine Fülle von neuen Erscheinungen beobachtet, die nun darauf harren, von einer neuen Theorie geklärt zu werden. Da erlebt man die Überraschung, daß die oben geschilderte Möglichkeit der Überschreitung des Energieprinzipes, die mich im Anfang des Studiums der neuen Mechanik sehr irritierte und damals auch von Physikern bestritten wurde, sich als der **Schlüssel zum Verständnis** jener Erscheinungen erweist.

Da die Kernzertrümmerung bei vielen Elementen explosionsartig gewaltige Energiemengen freimacht, wurden von technischer Seite schon Hoffnungen auf diese neue Energiequelle gesetzt. Doch erhielt man heute nur einen einzigen Treffer auf etwa 200000 abgeschossene α-Teilchen, und so erscheint es zweifelhaft, ob bis zum nicht fernen Zeitpunkt, wo bei der gegenwärtigen Ver-

---

[1] A. a. O. S. 54 Mitte, S. 285 unten.
[2] Forschungen und Fortschritte 1930, S. 405.

schwendung **die mineralischen Brennstoffvorräte der Welt erschöpft sein werden,** die Kernzertrümmerung eine praktisch in Frage kommende Wirtschaftlichkeit erreicht haben kann.

c) Zusammenfassende Kritik der neuen physikalischen Lehren. Während die Vertreter der neuen Physik die Äquivalenz des Wellen- und Partikelbildes nicht eindeutig scharf vertreten[1], so sind sie durchaus einig im Angriff auf das strenge Kausalitätsgesetz, welches durch den Begriff der Wahrscheinlichkeit ersetzt wird, und zwar in unvergleichlich radikalerer Form, als schon vor Jahrzehnten in der kinetischen Gastheorie. In dieser ging man davon aus, daß die Moleküle bei einem Zusammenstoß nach bestimmten, wenn auch im Einzelnen nicht genau bekannten Gesetzen aufeinander einwirken. Nur die ungeheure Anzahl der Moleküle, die Unmöglichkeit sie alle einzeln zu beobachten zwangen zur Annahme, daß bei jenen Stößen die relativen Lagen, Geschwindigkeitsgrößen und Richtungen rein nach den Gesetzen des Zufalles verteilt sind. Es gelang aber doch, unter Hinzuziehung des Impuls- und Energiesatzes, z. B. den Gasdruck als Mittelwert der Kraft, den die regellosen Molekülestöße auf die Flächeneinheit der Wand ausüben, richtig zu berechnen. Allein wenn in einem Raum nur einige Moleküle mit ihren Anfangslagen und Geschwindigkeiten gegeben wären, so wäre nach der alten Physik ihre Bewegung für alle Zukunft eine genau ermittelbare, kausal bedingte.

Ganz anders in der neuen Physik, soweit es sich um intraatomare Vorgänge innerhalb der „Wahrscheinlichkeitswolke" handelt. Der Bahnbegriff ist aufgegeben, da man dem Elektron nicht etwa die uns von den Brownschen Schwankungen her bekannten Zickzackbahnen auferlegen kann. Über die Existenz des Elektrons vor einer Beobachtung ist tiefstes Dunkel ausgebreitet. Man kennt nur die statistische Wahrscheinlichkeit, es in der Umgebung einer bestimmten Stelle anzutreffen; sein Auftreten ist dem Zufall anheimgegeben, und dieser unheimliche Gesell gewinnt weittragenderen Einfluß als je. Obschon nicht ganz souverain, weil an eine bestimmte „Wahrscheinlichkeit" gebunden, hat er doch genügend Kraft das bis dahin universell anerkannte Kausalitätsgesetz endgültig zu vernichten. Damit geht **ein Stück unserer Weltanschauung verloren, an das zu glauben ein innerer Zwang und eine tiefe Beruhigung war.**

Kein Wunder, daß angesehene Physiker sich sträuben, diese Folgerungen mitzumachen. Planck vertritt die Meinung[2], daß mit der Aufgabe des strengen Determinismus der Natur das Ziel der physikalischen Forschung um ein Erhebliches zurückgesteckt wird. Er glaubt übrigens, daß eine zwingende Veranlassung zu diesem Verzicht nicht vorliege, indem einfach als Elemente des Weltbildes an Stelle der Korpuskeln die Materiewellen treten. Im übrigen sei der Überblick der Bewegung etwa einer gespannten Seite als Summe ihrer einzelnen harmoni-

---

[1] Heisenberg (a. a. O. S. 7) sagt: „Vielmehr muß die Lösung der Schwierigkeit darin zu suchen sein, daß beide Bilder (Partikel- und Wellenbild) nur ein Recht als Analogien beanspruchen können". Frenkel: Einführung in die Wellenmechanik 1929, S. 37. „Mir persönlich scheint die . . . Behandlungsweise des wellen-korpuskularen Parallelismus befriedigender zu sein, bei welcher man die Wellen als primär und die Korpuskeln als sekundär ansieht."

[2] A. a. O. S. 43.

schen Schwingungen sogar für die Anschauung mindestens ebenso befriedigend
wie die gesonderte Kenntnis der Bewegung aller ihrer einzelnen Punkte. Da indessen die Deutung des Wellenfunktionenproduktes $\psi\,\psi^*$ als Wahrscheinlichkeit
des Aufenthaltes heute wohl allgemein anerkannt ist, verliert das Wellenbild die
Fähigkeit die Partikel zu lokalisieren, es bleibt also beim Indeterminismus.

Ein außerordentlich scharfer Angriff gegen die neue Physik stammt von
Stark[1], der ihr Unanschaulichkeit, Unfruchtbarkeit, Dogmatismus und noch
schlimmeres vorwirft. Zum ersteren ist zu bemerken, daß seit die Mathematik
mit Hilfe komplexer Größen absolut zuverlässige reale Ergebnisse zu errechnen
begonnen hat, solche Rechenhilfen naturgemäß immer mehr Verwendung finden[2]
und wenn gar noch die nicht euklidische Geometrie hinzutritt, die Anschaulichkeit offenbar rettungslos geopfert werden muß. Der neuen Theorie Unfruchtbarkeit vorzuwerfen, wäre in hohem Maße unbillig. Es genügt schon allein auf
die experimentelle Bestätigung der materiellen Wellenvorgänge hinzuweisen.
Etwas derartiges zu erwarten, lag dem normalen Denken siriusferne; wohl nie
hätte sich ein Physiker zu entsprechenden Versuchen angeregt gefühlt, wenn
nicht die Theorie den Weg gewiesen, ja den Versuch gefordert hätte.

Hingegen darf dem Vorwurf des Dogmatismus bis zu einem gewissen Grad
beigepflichtet werden. Man denke nur an den Zustand vor etwa 50 Jahren zur
Zeit einer unfruchtbar stabilisierten Licht-Äther-Theorie. Nicht ohne leises
Gruseln überdenkt ein alter Abiturient, wie er um das „Reifezeugnis" zu erlangen,
feierlich bekennen mußte: „Ich glaube an den elastischfesten Äther der alle
andern festen Körper widerstandslos durchdringt; ich glaube daran, daß dieser
nur zu Transversalschwingungen befähigt ist und sich hütet, Longitudinalschwin-
gungen zu übertragen," usw.

Vom Standpunkt der neuen Physik sind solche Bekenntnisse gleichwertig mit
dem „credo quia absurdum est". So verurteilt auch Weyl[3] nachträglich die
Ätherhypothese als „vage", die „sich so schlecht als möglich bewährt
hat." Ungleich den Hohepriestern haben die verehrungswürdigen Meister der
physikalischen Wissenschaft aus den Widersprüchen der Theorie nie ein Hehl
gemacht; aber ihre Priestergehilfen vom Gymnasiylphysiker bis hinunter
zum Dorflehrer gebärdeten sich seit jeher eifriger als die Propheten. Sie verkün-
deten: Der Äther sei dein Gott und du sollst keine anderen Götter neben dem Äther
haben. Hoffen wir, daß der heute herrschende Geist der Offenheit auch in den
unteren Instanzen dauernd beherzigt werde im Sinne der bedeutsamen Äußerungen
von Prof. v. Mises[4]: „Dabei erfüllt den Naturforscher die stete Überzeugung
von der Unvollkommenheit des gegenwärtigen Standes der Wissenschaft und er
rechnet es sich zur höchsten Philosophie an, eine unvollkommene
Weltanschauung zu ertragen, so lange es eine abgeschlossene und
einwandfreie nicht gibt".

Diese Entsagung dürfte übrigens allgemeines Los der wissenschaftlichen
Menschen sein, wie aus dem zum Vorschein gekommenen Zwiespalt zwischen

---

[1] Fortschritte und Probleme der Atomforschung. Barth, 1931.

[2] Wellenschwingungsaufgaben lösen auch wir Ingenieure geläufig und vorteilhaft mittels
komplexer Größen.   [3] A. a. O. S. 162 Mitte.

[4] Über das naturwissenschaftliche Weltbild der Gegenwart. Naturwissenschaften **18,**
885 (1930).

Wellenmechanik und Relativitätstheorie

(gemeint ist die beschränkte R. Th.) besonders deutlich hervorgeht. Schrödinger, der Urheber der Wellenmechanik, hebt hervor[1], daß es bis anhin nicht gelungen ist, die beiden Theorien in ein widerspruchsfreies Begriffssystem zusammenfassen. Dies liege an der Ausnahmestellung, die die Wellenmechanik dem Zeitparameter neben den Raumparametern einräume, indem sie ihn als absolugenau ermittelbar hinstellt. Allein die Ablesung der Zeigerstellung einer Uhr ist eine physikalische Messung wie jede andere (dürfe nicht „hors concours" gestellt werden), wird also mit einer Ungenauigkeit im Sinne der Heisenbergschen Gleichung behaftet sein, die wegen der Impuls-Unschärfe, die das Lichtsignal am Zeiger erzeugt (also der Veränderung des Uhrenganges), noch gesteigert wird. **Schrödinger schließt mit der Feststellung, daß die ideale Uhr, von welcher die Wellenmechanik bei der Bestimmung der absoluten Schärfe des Zeitparameters Gebrauch macht, mit den Grundlagen der Wellenmechanik in Widerspruch steht.** Der Mißerfolg der Vereinigung der speziellen Relativitätstheorie mit der Wellenmechanik liegt also nicht an formal mathematischen sondern an **grundsätzlichen Schwierigkeiten.**

Des weiteren ist Stellung zu nehmen zu einer **Auffassung der Ziele der Wissenschaft,** die schon in physikalischen Kreisen zu lebhaftem Meinungsaustausch Veranlassung gegeben hat. Sie wird treffend durch folgende Aussprüche illustriert. Nach Heisenberg ist die Absicht seiner Quantenmechanik, eine **Methode zu entwickeln, die ausschließlich auf Beziehungen zwischen beobachtbaren Größen basiert wäre.** Oder es präzisiert Dirac[2]: Die Quantenmechanik will nichts anderes, als die den Erscheinungen zugrunde liegenden Gesetze in einer solchen Form aufstellen, daß man aus ihnen eindeutig **bestimmen kann, was unter gegebenen experimentellen Bedingungen geschehen wird. Der Versuch wäre zwecklos und sinnlos, tiefer in die Beziehungen zwischen Wellen und Teilchen eindringen zu wollen,** als es für diesen Zweck erforderlich ist. Ferner[3]: **Die einzige Aufgabe der theoretischen Physik besteht darin, Vorhersagen zu machen, die sich mit der Erfahrung vergleichen lassen.** Oder es wird von March[4] die Gegenstandlosigkeit einer Bahnvorstellung mit Rücksicht auf die Heisenbergsche Ungenauigkeitsrelation mit folgenden Worten in ein Extrem zugespitzt: „welche Raumzeitpunkte ihm (dem Elektron, dem Lichtquant u. ä.) für die Zeit zwischen zwei Beobachtungen zuzuordnen sind, darüber läßt sich grundsätzlich nichts sagen; **ja wir wissen nicht einmal, ob das Teilchen in dieser Zeit überhaupt als solches existiert".** Nun ist es vollkommen richtig, daß ein Atom, das wir soeben irgendwo als wohlbehalten anwesend festgestellt haben, durch kräftige Bestrahlung oder radioaktive Kräfte auseinanderstieben und bei Wiederholung des Versuches überhaupt nicht oder nur in arg reduziertem Zustand angetroffen werden kann, allein wenn die Dazwischenkunft fremder Energie ausgeschlossen ist, so ist jener Vorbehalt von March vom populären Standpunkt ein gleich überflüssiger und lästiger Zwang, wie etwa der Zweifel, ob der schwere Eichentisch an dem ich mich gestoßen habe, noch „existiert" wenn ich mich umwende und ihn weder sehe noch

---

[1] Sitzungsber. Kgl. Preuß. Akad. Wiss. Berlin 1931, S. 239.
[2] Die Prinzipien der Quantenmechanik. Leipzig 1930, S. 3.
[3] Desgl. S. 6.   [4] A. a. O. S. 55 Mitte.

betaste. Gewiß auch dieser kann inzwischen gestohlen worden sein, aber das wäre „Fremdenergie" und äußerte Unwahrscheinlichkeit. Gewiß, das Bestehen auf der Unbeweisbarkeit der Existenz hat formal-logisch im Ernste etwas auf sich, aber es wäre eine unzeitgemäße Wiederholung der geistigen Lage in der sich philosophisches Denken bei der ersten Untersuchung der Frage befand: wache ich oder träume ich? — und eingesehen hatte, daß die Entscheidung auf logischem Wege unmöglich ist. Berechtigterweise dringt Heisenberg[1] selbst darauf, von den alten Problemlösungen der Philosophie Kenntnis zu nehmen, auf daß nicht schon erledigtes nochmals verhandelt wird, wie jener dem Solipsismus verwandte Zweifel an der „Existenz". Auf eine Anfrage hin war Heisenberg so freundlich mir zu präzisieren, daß er insbesondere die Wissenschaftslehre von Fichte im Auge hätte. Auch Planck und Sommerfeld wenden sich gegen die in den zitierten Auffassungen enthaltene stark mit Positivismus durchsetzte Ausschließlichkeit. Letzterer[2] weist auf die Verwandtschaft mit Machs Philosophie hin, die schon früher einen Kreis von Physikern, die „Energetiker" unglücklich beeinflußt hat. Sowie diese durch die kinetische Gastheorie widerlegt wurden, indem trotz der eingeführten unbeobachtbaren Geschwindigkeiten und Moleküllagen die Theorie glänzende Ergebnisse erzielt hatte, so betont er, daß seither die unbeobachtbare Wellenfunktion Schrödingers sich ebenfalls als äußerst fruchtbar erwiesen habe.

Wir Ingenieure glaubten immer, Aufgabe der Wissenschaft sei es „tief" und „tiefer" in die Beziehungen der Naturmächte einzudringen. Durch die Verneinung solcher Möglichkeiten und Beschränkung auf das Phänomenale gewinnt die neue Richtung gerade für uns eine weltanschaulich erhebliche Bedeutung. Der Technik nämlich war es durch die Gewalt der wirtschaftlichen Faktoren seit je verwehrt, auf andere als die „beobachtbaren", insbesondere die durch den Übernahmeversuch feststellbaren Größen auszugehen. Merkwürdiges Zusammentreffen, daß modernste Physik, durch allerdings unvergleichlich höhere Gewalten bezwungen, sich eine ähnliche Beschränkung auferlegen muß. Faustische und Hamletische Monologe werden beiseite geschoben; **der Intellekt wird sich seiner Grenzen bewußt** und trachtet nicht den Schleier des Bildes von Sais zu lüften, sondern begnügt sich, ja, muß sich begnügen aus der Tiefe einiges „beobachtbare" herauszufischen. Auf diese neue Situation kommen wir im Schlußwort zurück; hier schon kann festgestellt werden, daß in ihrem Lichte die Technik nicht bloß nicht entwertet wird, sondern an Ansehen gesteigert aus dem Vergleich hervorzugehen scheint.

---

[1] A. a. O. S. 49 unten.

[2] Atombau und Spektrallinien. Wellenmech. Ergänzungsband 1929. S. 44.

IV. Biologie als „exakte" Wissenschaft und das Rätsel des Lebens.

Was man vor einem halben Menschenalter für kindlichen Optimismus angesehen hätte, ist heute zur feststehenden Tatsache geworden: ein wichtiger Teil der Biologie ist eine exakte, auf mathematische Lehrsätze gegründete Wissenschaft geworden. Dieses Wunder bewirkte die Entdeckung der reinen Linie und die tiefere Erforschung der ursprünglich von Mendel entdeckten Vererbungsregelmäßigkeiten.

1. Die reine Linie.

Wenn man die Ähren eines Kornfeldes nach ihrer Körnerzahl in Gruppen ordnet und über dieser Zahl als Abszisse die Zahl der zu den Gruppen gehörenden Ähren aufträgt, so erhält man einen der „Fehlerkurve" ähnlichen Hügel. Verwendet man für eine zweite Aussaat die Körner der reichsten Ähren, so erhält man beim neuen Auszählen eine ähnliche Kurve, aber mit im Durchschnitt reicheren Ähren. Die Biologie glaubte, daß durch solche künstliche Zuchtwahl der Ährenreichtum gewissermaßen endlos gesteigert werden könnte, und in der planmäßigen Tierzucht wurden denn auch nach diesem Verfahren die bekannten staunenswerten Erfolge erzielt. Nun fand sich aber, daß natürlich wachsende Pflanzen und Tierspezies im allgemeinen Mischungen und Hybriden oft sehr vieler verwandter Arten sind. Durch fortgesetzte Inzucht, d. h. Selbstbefruchtung kann man diese einzelnen Arten trennen, so daß schließlich sog. „reine Linien" entstehen. Wenn man mit diesen, wie Johannsen feststellte, das oben beschriebene Zuchtexperiment wiederholt, so zeigt sich die merkwürdige Tatsache, daß auch bei der Auswahl der allerreichsten Ähren für eine nächste Aussaat, die „Nachkommenschaft" im Mittel keineswegs reicher ist, sondern in den alten Typus vollkommen zurückfällt. Die eine und zwar schmerzliche Folge ist, daß man ein wesentliches Stück des Darwinschen Glaubens an eine quasi unbegrenzte Evolution durch „Selektion" preisgeben muß. **Innerhalb der reinen Linie ist die Selektion machtlos, sie produziert nichts Neues, und es war eine Täuschung, ihr schöpferische Kraft** zuzuschreiben.

2. Vererbungslehre.

Bedeutungsvoll wird die reine Linie in Verbindung mit der Mendelschen Vererbungslehre, die im Vererbungsvorgang einen Mechanismus zu offenbaren scheint, der auf der durch das Wahrscheinlichkeitsgesetz gemilderten Herrschaft des Zufalls beruht. Durch diese Lehre wurde über alle Zweifel erhaben bestätigt, daß die Vererbung bestimmter Eigenschaften auf gewissen Erbanlagen, den sog. „Genen", die sich in den „Chromosomen" der Keim-

masse vorfinden, beruht. Besehe dir Menschenkind, die je 24 Paare unförm-
licher Klöße[1] in Abb. 3 u. 4, die in der oberen Reihe die männlichen, in der unteren
die weiblichen menschlichen Chromosomen darstellen, aus welchen
deine Gestalt, deine Gesichtszüge, kurz dein Gesamtwesen entstanden sind.
Wo ein Gen fehlt, da fehlt auch die korrespondierende Eigenschaft im Nachkommen; wo es aber vorhanden ist, erscheint die Eigenschaft entweder be-
dingslos („dominantes Gen") oder in der ersten Generation verdeckt („re-
zessives Gen"), um in der nachfolgenden wieder aufzutauchen. Faßt man
Spermatozoen und Eier in den Sammelbegriff „Gameten" zusammen, so gilt

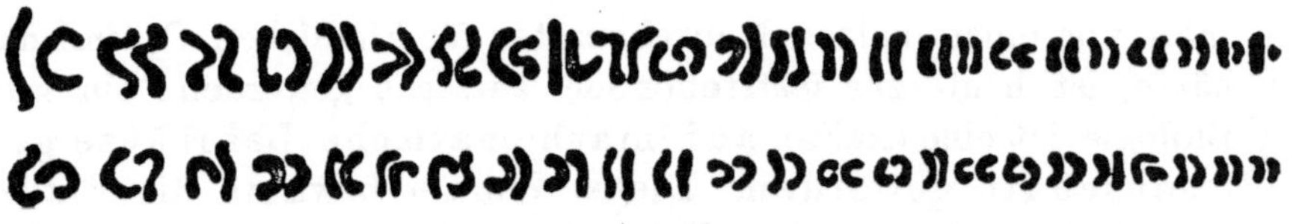

Abb. 3 u. 4. Chromosomen des menschlichen Keimes.

der Ausspruch, daß die Gameten der reinen Linien alle gleichartig sind. Hingegen sind bei durch Kreuzung hervorgegangenen Organismen die Verhältnisse
verwickelt, wie am besten an einem Beispiel dargetan wird: Kreuzen wir die
weißblühende reine Linie der „Wunderblume" mit der rotblühenden reinen
Linie derselben Blume, so ist zunächst fraglich, in welcher Weise in dem Misch-
ling die Eigenschaften der Ursprungsarten in Erscheinung treten. Da zeigt
sich nun, daß die einzelne Blüte dieser ersten „Filial-(Bastard-)Generation"
merkwürdigerweise rosa gefärbt ist, sie enthält aber ein Ei mit entweder weißer
Anlage — kurz: „weißem" Gen — oder roter Anlage — kurz: „rotem" Gen —,
daneben eine große Zahl Pollenkörner mit einheitlich entweder „weißen" oder
„roten" Genen. Die Befruchtung erfolgt durch Insekten, insbesondere Bienen,
die bei der zuerst besuchten Blüte mit gleich großer Wahrscheinlichkeit ein
„weißes" oder „rotes" Ei antreffen werden; falls sie dieses befruchten, so ist
hinwieder die Wahrscheinlichkeit gleich groß, daß sie das mit „weißen" oder
„roten" Pollenkörnern besorgen. Ist die Befruchtung auf diese Weise bei recht
vielen Blüten vollzogen, so werden als zur sog. „Zygote" verschmelzende
Gen-Kombinationen gleich oft die folgenden auftreten: Weiß-Weiß; Weiß-Rot;
Rot-Weiß; Rot-Rot. Nimmt die Biene die Pollenkörner von der einen Blüte,
um damit das Ei einer andern zu befruchten, so ist das Verhältnis der Kombinationen infolge der vorausgesetzten großen Zahl der Akte das gleiche wie
oben.   Wir erhalten also

    in ¼ der ganzen Zahl die Kombination: Ei Weiß-Pollen Weiß,
    „ ¼ „   „   „   „   „   Ei Rot-Pollen Rot,
    „ ¼ „   „   „   „   „   Ei Weiß-Pollen Rot
    „ ¼ „   „   „   „   „   Ei Rot-Pollen Weiß.

Da die beiden letzten Kombinationen biologisch gleichwertig sind, werden bei
der Aussaat der befruchteten Samen, — falls alle aufgehen, in der zweiten Filial-
Generation

        ¼ „homozygotisch" rein weiß blühen
        ¼   „   „ rot   „
        ½ heterozygotisch   „ rosa   „

---

[1] Driesch, H., u. H. Woltereck: Das Lebensproblem. Leipzig 1931, S. 239.

Die letzt aufgeführte Hälfte hat dann genau gleiche Eigenschaften wie die erste Filialgeneration, während die „weißen“ und „roten“ Viertel wieder reine Linien darstellen.

Damit haben wir die Mendelsche Vererbungsregel für den einfachsten Fall aufgestellt. Wie ersichtlich, decken sich die festgestellten Zahlenverhältnisse der verschiedenfarbig blühenden Individuen mit denen, die bei Ziehungen von je zwei Kugeln aus einer Urne, die gleich viel weiße und rote Kugeln enthält, herauskommen würden. Daher könnte dieses Urnengleichnis benutzt werden, um die relativen Wahrscheinlichkeiten an möglichen Kombinationen in verwickelteren Fällen zu ermitteln.

Wir kommen weiter unten auf Rechnungen ähnlicher Art zurück. Vorläufig genüge es zu bemerken, daß diese Rechnungsregeln in weitgehendstem Maße durch biologische Vererbungsversuche bestätigt worden sind.

Unter solchen stehen obenauf die unvergleichlich reichhaltigen Forschungen der Schule von Morgan[1] mit der Fruchtfliege Drosophila Melanogaster, deren Nachkommenschaft in wenigen Tagen fortpflanzungsfähig wird und so in kürzester Frist ganze Generationsfolgen zu vergleichen gestattet. Die in Flaschen aufbewahrten Versuchstierchen lassen sich mit Spuren von Äther narkotisieren und können bequem unter dem Mikroskop untersucht werden. Dabei erfuhren die Mendelschen Regeln eine wesentliche Erweiterung, indem man wahrscheinlich zu machen verstand, daß jene Erbanlagen in den sogenannten Chromosomenfäden der Eier und Spermatozoen sich in linearer Anordnung nebeneinander vorfinden. Im allgemeinen sind die in einem Faden vereinigten Gene „gekoppelt“ d. h. sie erscheinen oder verschwinden nur vereint. Doch kommt es sehr häufig vor, daß die paarweise sich gegenüberliegenden Fäden an gleichgelegenen Stellen zerreißen und die abgetrennten Stücke durch kreuzweise Vereinigung eine Mischung der ursprünglich in den zwei Fäden getrennt vorhandenen Gene bilden. Durch unermüdliche Untersuchungen größten Ausmaßes, für welche die Mittel europäischer Institute bei weitem nicht ausreichen würden, ist es so gelungen, bis an 200 Erbanlagen in den 4 Chromosomenpaaren der Drosophila zu lokalisieren.

Diese hochentwickelte Vererbungsmathematik ermöglicht heute von einer schon erforschten Art (z. B. Kaninchen) eine beliebige Kombination von Artmerkmalen „auf Bestellung‘ zu züchten, wie das übrigens die Tierzüchter, mehr auf empirischen Regeln fußend, schon vor der Entdeckung des Mendelismus auch vermochten.

Eugenik. Kein Wunder, daß diese überwältigenden Erfolge auch der menschlichen „Eugenik“ und Rassenkunde neue Impulse verliehen haben. Da indessen die Erforschung der Erbeigenschaften beim Menschen noch auf einer ganz und gar tiefen Stufe steht und gewaltsame Eingriffe mit Rücksicht auf unsere sittliche Kultur schlechterdings ausgeschlossen sind, stehen jene beiden Disziplinen zur Zeit auf schwankendem Boden und man wird gut tun, ihre Lehrsätze und Urteile mit aller Vorsicht aufzunehmen. Man denke an die Tragik des Individuums, das einer theoretisch verurteilten „niederen“ Rasse angehört und

---

[1] Morgan, Th.: Die stofflichen Grundlagen der Vererbung, deutsch von Nachtsheim. 1921.

sich der gefällten Prognose bewußt wird. Vielleicht könnte es kraft seelischer Reaktion eine innere Wandlung erfahren und damit zur Berichtigung des herabwürdigenden Urteiles beitragen. Doch werden wir sehen, daß die neue Biologie die Möglichkeit der Vererbung erworbener Seeleneigenschaften verneint und so die Tragik noch unterstreicht. Sicherlich zu ihrem großen Troste werden alle so Enterbten in einem hervorragenden Lehrbuch[1] lesen, daß Goethe nicht der nordischen Rasse beigezählt werden darf, sondern der alpinen mit bloß „nordischen Zügen“ und einem höchstwahrscheinlich vorderasiatischen Einschlag. Am gleichen Ort steht (S. 518) die befremdliche Auslassung: „Freilich erhebt sich die bange Frage, ob jene Männer, die als große Geister gefeiert werden wirklich durch ihre Wirksamkeit dem Leben der Rasse gedient haben, z. B. Goethe?? Ich will gewiß die Möglichkeit nicht bestreiten; aber möglich scheint mir auch das Gegenteil zu sein.“ Im II. Bd. S. 550 klärt der angesehene Verfasser den Sinn jener Zweifelsfrage dahin auf, daß der schroffe Individualismus überwunden werden müsse zugunsten größerer Hingabe an das überindividuelle Leben der Rasse. Hiermit kann man sich einverstanden erklären, wenn nur Goethe aus dem Spiel bleibt.

Übrigens möge der Abkömmling eines Paria-Volkes beachten, daß die Unterschiede der Tüchtigkeit und der Begabung unter den Individuen einer und derselben, auch der höchsten Rasse, größer sind, als die Unterschiede der Mittelwerte dieser selben Seelenqualitäten zwischen einer hohen und einer niederen Rasse.

Die ungeheure Bedeutung, die der Rassenmischung z. B. in Amerika[2] zukommt und der tiefe Rassenhaß der unser Europa mehr denn je zerklüftet, rechtfertigen es bei diesem Thema noch kurz zu verweilen.

Ein wesentliches Interesse besitzt in dieser Hinsicht die Frage, wie rasch in den aufeinanderfolgenden Generationen eine **Grundrasse** durch ungehemmte Eheschließung mit den Gliedern einer **die Minorität bildenden Fremdrasse „verunreinigt“ wird,** und zwar bei bestimmter zahlenmäßiger Zusammensetzung als Ausgangszustand. Da Rechnungen mit dieser Voraussetzung in den gangbaren Lehrbüchern nicht angetroffen werden, gehen wir hierauf etwas ausführlicher ein. Die einfachste zu machende Annahme ist, daß die Eheverbindung zwischen den Gliedern der ganzen Volksgemeinschaft gänzlich nach dem Gesetz des Zufalls vor sich geht. Der Übersicht halber nehmen wir **zunächst an, daß nur zwei Merkmalunterschiede** (oder solche von gekoppelten Merkmalgruppen) in Frage kommen. In diesem Fall können wir der Betrachtung die harmlose Kreuzung von weißen und roten (sagen wir Erbsen-) Blüten zugrunde legen, mit Ausschaltung einer Dominanz. Wir nehmen an: p Individuen der (rein) weißen Rasse würden p Eier mit der weißen Anlage und $k\,p$ Pollen ebenfalls mit rein weißer Anlage erzeugt haben. Zu gleicher Zeit haben q Individuen der (rein) roten Rasse q Eier mit der roten Anlage und $k\,p$ Pollen mit ebenfalls roter Anlage erzeugt. Die Befruchtung erfolgt nach dem Gesetze des Zufalls, so daß ein (kurz ausgedrückt) „weißes“ Ei mit gleicher Wahrscheinlichkeit irgendeines der $k\,(p+q)$ zählenden Pollen antreffen, oder von ihm angetroffen werden kann. Da $k\,p$ „weiße“ Pollen vorhanden sind, so ist die Wahrscheinlichkeit für die Kombinationen

„weißes“ Ei „weißer“ Pollen		$k\,p/k\,(p+q)$
„weißes“ Ei „roter“ Pollen		$k\,q/k\,(p+q)$
„rotes“ Ei „weißer“ Pollen		$k\,p/k\,(p+q)$
„rotes“ Ei „roter“ Pollen		$k\,q/k\,(p+q)$

[1] Baur, Fischer u. Lenz: Menschliche Erblichkeitslehre. München 1927, Bd. I, S. 579.

[2] Man vergleiche die wie Notrufe tönenden amerikanischen Veröffentlichungen: Stoddard: The rising tide of colour. London 1927. — Der Kulturumsturz. München 1925. Grant, M.: Der Untergang der großen Rasse. München 1925.

Das Produkt aus Wahrscheinlichkeit und ursprünglicher Eizahl gibt die Zahl der Eier an, welche die betreffende Kombination eingehen, d. h. es ist die Zahl der

1. mit „weiß-weißer" Anlage versehenen befruchteten Eier $p^2/(p + q)$
2. „ „weiß-roter" „ „ „ „ „ $p\,q/(p + q)$
3. „ „rot-weißer" „ „ „ „ „ $p\,q/(p + q)$
4. „ „rot-roter" „ „ „ „ „ $q^2(p + q)$

Die Gesamtheit der aus allen Eiern entstehenden Individuen bildet die erste Filialgeneration und wird, wenn bei allen die Reife zu gleicher Zeit eintritt wieder Eier und Pollen von der Art erzeugen, daß die von den reinen Rassen 1. und 4. nur die Anlagen „weiß" bzw. „rot" enthalten, während bei denen von den Bastardrassen 3. und 4. im ganzen **gleich viele mit nur weißer und mit nur roter Anlage** versehen sein werden. Wir erhalten mithin

von 1. her $\quad\quad\quad p^2/(p + q)$ „weiße" Eier $\quad k\,p^2/(p + q)$ „weiße" Pollen

von 3. u. 4. her $\begin{cases} p\,q/(p + q) \quad\;\; „ \quad\quad „ \quad k\,pq/(p + q) \quad „ \quad\quad „ \\ p\,q/p + q) \;\;„\text{rote}" \quad „ \quad\quad k\,pq/(p + q) \;„\text{rote}" \quad\quad „ \end{cases}$

von 4. her $\quad\quad\quad q^2/(p + q)$ „ „ $\quad k\,q^2/(p + q)$ „ „

Im ganzen sind also

$$\frac{p^2}{p + q} + \frac{p\,q}{p + q} = p\,\frac{(p + q)}{p + q} = p \text{ „weiße" Eier; } k\,p \text{ „weiße" Pollen}$$

$$\frac{p\,q}{p + q} + \frac{q^2}{p + q} = q\,\frac{(p + q)}{p + q} = q \text{ „rote" Eier; } k\,q \text{ „rote" Pollen}$$

vorhanden, d. h. genau soviel, wie in der Ausgangs-Generation. Die unterschiedslose Kreuzung wird mithin zu der gleichen Zahl der Kombinationen gleicher Art führen, wie oben für die erste Filialgeneration. Die zweite Filialgeneration die aus der gegebenen Zahl der befruchteten Eier hervorgeht, wird also als Zahlenverhältnisse der mit bestimmten Anlagen behafteten Individuen folgendes ergeben:

Individuen mit „weiß-weißer" Anlage: Individuen mit „weiß-roter" oder „rot-weißer" Anlage: Individuen mit „rot-roter" Anlage $= p^2 : 2\,p\,q : q^2$.

Die „Wahrscheinlichkeiten" ihres Vorkommens sind in der gleichen Reihenfolge, da die Summe der Individuen $= p^2 + 2\,p\,q + q^2 = (p + q)^2$ ist:

$$w_1 = \frac{p^2}{(p + q)^2}; \quad w_2 = \frac{2\,p\,q}{(p + q)^2}; \quad w_3 = \frac{q^2}{(p + q)^2}$$

Das Verhältnis der Zahl der Individuen der ursprünglich reinen Rassen war $p/p + q$ zu $q/p + q$. Nehmen wir $p = 0{,}95 : q = 0{,}05$ so wird, **wenn man die Kreuzung auch noch so oft und noch so lang fortsetzt,** die relative Anzahl der reinrassigen Individuen stets $0{,}95^2 = 0{,}9025$ und $0{,}05^2 = 0{,}0025$ die der Mischlinge $2 \cdot 0{,}95 \cdot 0{,}05 = 0{,}095$ betragen. Die Wirkung der Vermischung ist also ein Verlust von rd. 5 v. H. für die „weiße" Rasse, das Auftauchen von rund 10 v. H. Mischlingen, und das fast vollständige Aufsaugen der „roten" Rasse.

Die Vermischung wird selbstverständlich bis zum Stillstand verzögert, wenn auf Seite einer, z. B. der Grundrasse eine Abneigung gegen die Verbindung mit den Individuen der Fremdrasse besteht.

Sind zwei Merkmale zu berücksichtigen, wobei z. B. A, a weiße und rote Blütenfarbe B, b großen und kleinen Wuchs bedeuten mögen, so ist bei p Individuen der Rasse AB (weiß mit großem Wuchs) und q Individuen der Rasse $a\,b$ (rot mit kleinem Wuchs) die Wahrscheinlichkeit eines „weißen großen" Eis AB mit einem ebensolchen Pollen AB zusammenzutreffen $w_1 = p/(p + q)$ die Gesamtzahl der so befeuchteten Eier $(AB)\,(AB)$, also der entstehenden Individuen $= w_1\,p = p^2/(p + q)$. Die Wahrscheinlichkeit mit einem roten kleinen Pollen $a\,b$ zusammenzutreffen ist $w_2 = q/(p + q)$ die Zahl der so befruchteten Eier $(AB)\,(ab)$, also die der entsprechenden Individuen $= w_2\,p = p\,q/(p + q)$. Indem man diese Überlegung wiederholt anwendet, erhält man die nachfolgende Tabelle:

1. Filialgeneration.

Zahl der Individ. $(AB)\,(AB)$ . . . $p^2/(p + q)$
„ „ „ $(AB)\,(a\,b)$ . . . $p\,q/(p + q)$
„ „ „ $(a\,b)\,(AB)$ . . . $p\,q/(p + q)$
„ „ „ $(a\,b)\,(a\,b)$ . . . $q^2/(p + q)$

Die von diesen Individuen, deren Gesamtzahl einem Generationswechsel entsprechend wieder $p + q$ ist, erzeugten Eier und Pollen können nur je zwei Merkmale enthalten. Es findet also ein Zerfall der Anlage statt, so daß die Individuen der 1. Zeile offenbar nur Eier und Pollen AB in der Anzahl je $p^2/(p + q)$ liefern. Die Individuen der zweiten Zeile sind biologisch gleich und liefern die Gametenarten AB, Ab, aB, ab und zwar bei der vorausgesetzten großen Anzahl mit gleicher Wahrscheinlichkeit, also $pq/2(p + q)$ Man erhält also die Anzahlen:

Merkmale	AB	Aa	aB	ab
Eierzahl	$z_1 = \dfrac{p^2 + pq/2}{(p + q)}$;	$z_2 = \dfrac{pq}{2(p + q)}$;	$z_3 = \dfrac{pq}{2(p + q)}$;	$z_4 = \dfrac{q^2 + pq/2}{(p + q)}$

Dazu die entsprechenden Pollenzahlen. Die 2. Filialgeneration entsteht durch 16 verschiedene Befruchtungsmöglichkeiten. Die Wahrscheinlichkeit für ein Ei der Beschaffenheit (AB) (AB) ist $w_1 = z_1$ $(p + q)$ die Gesamtzahl $= w_1 z_1$; desgleichen für (AB) (Ab) $w_2 = z_2/(p + q)$, Gesamtzahl $= w_2 z_1$. Auf diese Weise entsteht, indem wir $p + q = 1$ voraussetzen, die Tabelle der befruchteten Eier, d. h. Individuen der 2. Filialgeneration

Merkmal	Zahl	Merkmal	Zahl	Merkmal	Zahl	Merkmal	Zahl
$AB\,AB$	$z_1 z_1$	$Ab\,AB$	$z_2 z_1$	$aB\,AB$	$z_3 z_1$	$ab\,AB$	$z_4 z_1$
$AB\,Ab$	$z_1 z_2$	$Ab\,Ab$	$z_2 z_2$	$aB\,Ab$	$z_3 z_2$	$ab\,Ab$	$z_4 z_2$
$AB\,aB$	$z_1 z_3$	$Ab\,aB$	$z_2 z_3$	$aB\,aB$	$z_3 z_3$	$ab\,aB$	$z_4 z_3$
$AB\,ab$	$z_1 z_4$	$Ab\,ab$	$z_2 z_4$	$aB\,ab$	$z_3 z_4$	$ab\,ab$	$z_4 z_4$

Die von dieser Generation erzeugten Eier und Pollen entstehen auf Grund eines verwickelteren Aufspaltungsvorganges. Das Individuum $AB\,AB$ liefert natürlich nur Eier mit den Merkmalen AB in der Gesamtzahl $z_1 z_1$; das Individuum $AB\,Ab$ liefert Eier AB und Ab in gleicher Anzahl $= z_1 z_2/2$ (nicht aber AA oder Bb da immer beide Kategorien von Merkmalen vorhanden sein müssen); ähnlich entstehen aus $AB\,aB$ je $z_1 z_3/2$ Eier AB und aB endlich aus $AB\,ab$ je $z_1 z_4/4$ Eier AB, Ab, aB, ab. Nachdem die ganze Tabelle in dieser Weise zerlegt wurde, kann man die Gesamtzahlen der Eier und Pollen jeder Sorte feststellen, mit welchen die für die 2. Filialgeneration soeben durchgeführte Rechnung zu wiederholen ist. Ähnlich, aber noch verwickelter ist das Verfahren bei drei und mehr Merkmalen

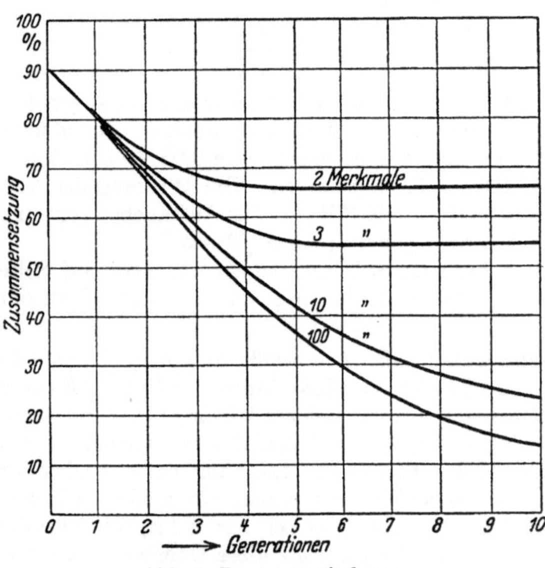

Abb. 5. Rassenvermischung.

In Abb. 5 sind die nach diesem Verfahren ermittelten Zahlen der unvermischten Individuen der Hauptrasse für 2, 3, 10 und 100 Merkmale in den aufeinanderfolgenden Generationen aufgetragen. Der Grenzwert für eine Merkmalzahl[1] r ist p^{2r}; für $r = 10$ und 100 wurde der untere Kurventeil angenähert durch eine Exponentialkurve ersetzt. Als Ausgangsbestand wurde angenommen $p = 90$ v. H. $(= 0{,}90)$ $q = 10$ v. H. $(= 0{,}10)$. Der Verlauf der Schaubilder lehrt, daß auch schon bei **bloß drei Merkmalen die Vermischung bei etwa der fünften Generation derartig weit vorgeschritten ist, daß nur noch etwas über 50 v. H. reinrassige Individuen der Urrasse übrig bleiben.** Bei zehn Merkmalen würde die (nicht eingezeichnete) Fortsetzung der Schaulinie bei der 20. Generation auf 13 v. H., bei 100 Merkmalen auf 1,8 v. H. als Zahl der noch vorhandenen reinrassigen Individuen führen. Da beim Menschen 24 Chromosomen vorhanden sind, werden 24 gekoppelte Merkmalgruppen auftreten; eine zwischen

---

[1] Diese Angabe ist Ergebnis einer recht heiklen mathematischen Ableitung, die ich Dr. Peierls verdanke.

den für 10 und 100 Merkmalen angedeuteten Schaulinien liegende Kurve wird mithin angenähert den Verlauf der Mischung auch bei Menschenrassen darstellen.

Diese Zahlen könnten sehr nachdenklich stimmen, wenn die Erhaltung der Rassenreinheit (die ja heute bei keinem Volk der Erde vorhanden ist) an sich, als Glaubensdogma eine Berechtigung hätte. Allein dieser Glaube kann bezweifelt werden; denn wer wäre nicht einverstanden, durch vorteilhafte Blutmischung in seiner Nachkommenschaft manch fragwürdigen Zug, der im **herrlichen Erbe der Urväter doch auch mitenthalten war, abzustreifen.** Und ist nicht die „erste Qualität" **jeder Rasse** achtens- und liebenswert, während die „zweite Qualität" auch hochstehender Rassen doch stellenweise höchst abstoßende Züge aufweist. Der Menschenfreund, der sich nach Harmonie sehnt, wird daher nicht den Haß einer bestimmten Rasse als solcher, mit allem was Böses und Gutes an ihr ist, predigen, als sich vielmehr mit Wucht ausschließlich gegen das Kranke und Widerliche wenden, wo immer es auftaucht, also erst recht innerhalb der eigenen Rasse. Vor allem sollte man überall den Hebel am Tiefstpunkt der Entartung: dem erblichen Verbrechertum, ansetzen. Fast auf gleicher Stufe steht die psychische Entartung als Irrsinn, Schwachsinn u. a.[1] Wer in Familien hineingeblickt hat, die durch psychopathische Züge erblich belastet sind, den erschüttert die tragische Lebensverstrickung, in die gerade die Schwachbelasteten, noch nicht für das Irrenhaus reifen, geraten. Man sieht deutlich, wie sie sich mit ihrem gestörten Denkorgan ehrlich abmühen, um doch im kritischen Augenblick falsch zu entscheiden oder zusammenbrechen[2].

Gegen das Überhandnehmen dieser Übel gibt es ein Hilfsmittel von solch eminenter Einfachheit und Wirksamkeit, daß uns die Stumpfheit der großen Masse und der Gebildeten ihm gegenüber, nur mit Erstaunen erfüllen kann. Es ist dies die Sterilisation[3], die nach der unten angegebenen Quelle in etwa 8 (nach neueren Angaben 22) Einzelstaaten der Vereinigten Staaten von Amerika gesetzlich eingeführt ist, und in einer, bei Männern in 10 Minuten erledigbaren Operation besteht, die, ohne die Ehefähigkeit aufzuheben, die Fortpflanzung unterbindet. Möge alteuropäischer juristischer Zopf der Einführung dieser segensreichen Institution bei uns nicht länger hinderlich entgegenstehen.

3. Die Evolution.

Die Biologie hat uns seit Darwin die unendlich beseligende Perspektive der unbegrenzten Evolution eröffnet, die von der Eugenik auch für das Menschengeschlecht als ferner Traum in Anspruch genommen wird. Sehen wir zu, wie sich die „exakte" Biologie zu dieser Frage stellt.

---

[1] Nach Behr-Pinnow (in „Umschau" 27. Dez. 1930) gab es im Jahre 1929 in Deutschland 271 000 in Anstalten untergebrachte Geisteskranke, noch viel mehr Idioten und Psychopathen, so daß nach seiner Schätzung jeder 50ste Einwohner als psychisch nicht ganz normal zu betrachten ist. 415000 Personen wurden wegen Vergehen und Verbrechen strafrechtlich verurteilt.

[2] Im Verlaufe meiner langjährigen Lehrtätigkeit haben psychopathische Studierende, Nachkommen von Alkoholikern, oft bei mir Trost gesucht; die Schilderung der Jugendzeit in ihrer durch Säuferbrutalität zerwühlten Familie war herzbrechend.

[3] Laughlin, Harry H.: Eugenical Sterilization in the United Staates. Psychological Laboratory of the Municipal Court of Chicago, 1922.

Einleitend wurde bereits bemerkt, daß innerhalb einer reinen Linie die Selektion nicht vermag, Neues zu schaffen. Hieraus ergibt sich scheinbar die aufreizende Folgerung, daß eine eigentliche Weiterentwicklung der Organismen unmöglich ist. Die Natur würde überhaupt nur über einen beschränkten Vorrat von Formen — eben die reinen Linien — verfügen, aus welchen sie (und auch nur innerhalb verwandter Arten) durch Kreuzung Mosaikbilder zusammenstellt. Die Möglichkeiten menschlicher Züchtungskunst würden auf die Enträtselung vorhandener Mosaikbilder und Neukombination aus ihren Elementen beschränkt.

Hiegegen lehnt sich der „Lamarckismus" energisch auf, nach dessen Lehren im Laufe des Lebens durch äußere Reizwirkungen erzeugte Änderungen des Organismus, insbesondere solche funktioneller Art, auf die Nachkommenschaft vererbt werden können. Nach Semon[1] stammen die Hauptstützungsgründe des Lamarckismus aus der Paläontologie, wo beispielsweise die Um- und Rückbildung nicht gebrauchter Zehen beim Pferd, Schwein, oder die Rückbildung und Reduktion der Augen bei Höhlenfischen genau dem durch die Funktion vorgezeichneten Weg folgt. Allein aus der Beharrlichkeit der „reinen Linie", bei der die Nachkommenschaft trotz mannigfacher erworbener Eigenschaften der Eltern in den alten Typus unweigerlich zurückfällt, wurde ein starker Einwand gegen Lamarck geschmiedet.

Auch in den berühmten Versuchen von Tower mit dem Coloradokäfer[2], der durch äußere Einflüsse, insbesondere erhöhte Feuchtigkeit, Farbenänderungen im sog. Soma (den Zellen, die den Körper bilden) hervorrief, haben sich diese niemals als erblich erwiesen. R. Semon versucht darzutun, daß ein Einwirken dieser somatischen Zellen auf die Keimzellen unmöglich war, da während der sensiblen Periode der letztern die Pigmente in schon erstarrten Partien der äußeren Hornhaut sich befanden, von welcher kein Reiz auf die Keimzellen ausgehen konnte. Diese Argumente erwiesen sich als nicht durchschlagend, und so sieht heute wohl die Mehrheit der Biologen den Lamarckismus für widerlegt an.

Die Zuversicht, daß wir dank unablässigem, wenn es sein muß generationenlang fortgesetztem ehrlichen Bemühen ebensogut eine schwer erworbene Handgeschicklichkeit, wie wachsende Charakterstärke auf unsere Nachkommen vererben könnten, müßte auf den Menschenfreund, der das Wohl ferner Geschlechter im Auge behält, gleich begeisternde, erhebende Wirkung üben, wie auf den Gläubigen tiefe religiöse Überzeugungen. Mit dieser Hoffnung ist es vorbei; legen wir sie ins Grab, zu so manch anderen Enttäuschungen und Entzauberungen! Jedenfalls bildet sie eine Veranlassung mehr, unsere Weltanschauung zu revidieren.

Mutationen. Einen Ausweg aus der durch die Beständigkeit der reinen Linie scheinbar zur Starrheit verurteilten Welt des Lebens bieten nun die sogenannten Mutationen, die gleichzeitig der Darwinischen Zuchtwahl wieder die Möglichkeit eröffnen, die Entwicklung wesentlich zu beeinflussen.

---

[1] Probleme der Vererbung erworbener Eigenschaften, 1912.
[2] Nach Lang, A.: Über Vererbungsversuche, in Verhandl. d. deutsch. Zool. Gesellsch. 1909.

Unter „Mutation" versteht man das sprunghafte Auftauchen neuer Eigenschaften, die auch durch äußere Einwirkungen auf den Organismus hervorgerufen werden können, aber nur vererbbar sind, wenn sie die Keimzellen direkt erreichen konnten, eigentümlicherweise durchaus nur während der sogenannten „sensiblen" **Periode der embryonalen Entwickelung** des zukünftigen Lebewesens. Die Mutationen retten also die biologische Situation wohl aus der Starrheit der „geraden Linie" und bieten Aussicht auf eine Fortsetzung der Evolution; allein die ausgedehnten Arbeiten der Schule von Morgan, die durch Bestrahlung mit Röntgen-, α-, β-Strahlen[1] Mutationen künstlich erzeugte, ließen in keinem Falle ein zweckmäßiges Gerichtetsein derselben feststellen. Infolge dieser Regellosigkeit der Mutationen müssen, neben vorteilhaften Änderungen, früher oder später auch nachteilige auftauchen, und der Teil der Kreatur, dem die letzteren zufielen, muß die Folgen dieses Unglückes mit verminderter Lebenstüchtigkeit, schließlich mit vollständiger Ausrottung bezahlen. So erscheint der **Zufall** düster und unerbittlich als **der einzige Spender** eines möglichen **Organisationsfortschrittes.**

Eine einzige neueste Arbeit läßt einen Hoffnungsschimmer aufdämmern, daß Fortschritt ohne die Begleiterscheinung des Kampfes aller gegen alle möglich sein könnte. Jollos[2] erzeugte Mutationen an der gleichen von der Schule Morgans untersuchten Fliege Drosophila Melanogaster, die in einer Atmosphäre von 25⁰ C gehalten wurde, indem er deren Eier für 10—24 Stunden einer Temperatur von 37⁰ C aussetzte, die während der weiteren Entwickelung wieder auf 25⁰ C erniedrigt wurde. Die Wiederholung der gleichen Behandlung mit zahlreichen aufeinanderfolgenden Generationen zeitigte in der gleichen Richtung fortschreitende Mutationen, z. B. immer mehr hellere Augen — oder dunklere Abdomenfärbung. Unter der Herrschaft des regellosen Zufalles hätten hellere und dunklere Augenfärbung miteinander abwechseln müssen. Dies war nicht der Fall und damit ist zum ersten Male in der Biologie die Möglichkeit erwiesen, daß der Organismus eine bestimmte Klimaänderung mit sich in einer bestimmten Richtung steigernden Mutationen beantworte. Hierdurch würde auch die anscheinend zweckmäßige Anpassung die seitens der Paläontologie für die Vorgeschichte der Organismen gefordert wird, sich als Wirkung gerichteter Mutationen erklären lassen[3].

4. Das Rätsel des Lebens.

Die umfassenden Einsichten, die Physik und Chemie in den Bau der toten Materie anorganischen und organischen Ursprunges gewonnen haben, hat in weiten Kreisen der Naturforschung die Zuversicht erzeugt, daß die Zeit nahe ist, auch an die „Enträtselung" des Lebens mit ähnlichem Erfolg heranzutreten in der festen Überzeugung, daß die physikochemischen Kräfte und Methoden hierzu vollkommen ausreichen. Ebenso bekannt ist indessen der scharfe Widerspruch der „Vitalisten" die glauben, daß im Lebendigen ein über die Kräfte der toten Materie hinausgehendes Agens wirksam ist, das früher generell als „Lebenskraft" bezeichnet wurde. Willstätter, der große freundliche Chemiker, setzte mir aus-

---

[1] Kosswig, C.: In „Die Naturwissenschaften", 1930, S. 561.

[2] Studien zum Evulationsproblem, Biolog. Zentralblatt, Bd. 50, Heft 9, 1930.

[3] Neuerdings wird von Woltereck in „Vererbung und Erbänderung", Leipzig 1931, der Unterschied zwischen den Eigenschaften des Typus und der Art hervorgehoben. Nur die letzteren haben sich an der Taube, deren Wandlungen seit dem Altertum bekannt sind, durch künstliche Selektion oder Mutation geändert, erstere nicht. Daher ist bei der Interpretation der in kurzen Zeiträumen erzielten Variationen größte Vorsicht geboten.

einander, daß im Eiweißmolekül mit seiner an tausend heranreichenden Atomzahl schon an sich etwas wie Leben herrsche, indem die gewaltigen Atomgruppen in unzähligen labilen Verkettungen auf und ab schwanken, also Aktivität entfalten müßten. Er betonte, daß die Chemie in absehbarer Zeit zur synthetischen Herstellung von Eiweiß gelangen würde, gab jedoch zu, daß damit für die Erzeugung von Leben so gut wie nichts gewonnen wäre, da lebendige Materie organisiert ist, d. h. Struktur besitzt und erst durch jahrmillionenlange Entwicklung auf noch gänzlich unbegreifliche Weise die Fülle der Organismen herausgebildet habe. Eine tiefere Erkenntnis der Lebensprozesse ist trotzdem möglich und wird sicherlich auch die Beeinflußbarkeit derselben fördern, also vor allem in der Medizin zu vielleicht ungeahnten Entdeckungen führen, aber von dem primitiven Standpunkt Büchners in seinem „Kraft und Stoff“ oder der Goetheschen Satyre des Retorten-Homunculus sind wir glücklicherweise endgültig abgekommen. Wenn wir die Moleküle aus denen die für die Eigenschaften eines Menschen maßgebende „Erbmasse“ in den Chromosomen eines Spermatozoides besteht in ihrer wirklichen gegenseitigen Entfernung in eine Fläche ausbreiten, so ergibt eine angenäherte Rechnung, daß damit kaum ein Kreis von 5 mm Durchmesser bedeckt werden könnte. Wer an mechanistischen Deutungen festhält möge die Frage beantworten, nach welchem phantastischen Kraftgesetz diese Moleküle aufeinander wirken müßten, damit aus jenem kleinen Klumpen Materie, nachdem er sich im Laufe des Wachstums eine billionenmal größere Körpermasse untertan gemacht hat, eine Gestalt, die Feinheiten der Gesichtszüge usw. entstehen.

Widerlegung der mechanistischen Theorie. Die Unausdenkbarkeit der Vorstellung, daß organisches Wachstum mechanistischer Natur, also durch eine Art vorgebildeter „Maschine“ bewirkt werde, hat wohl am schlagendsten Driesch[1] dargetan. Abb. 6 stellt schematisch die Polypenart Tubularia dar, deren Restitutionsfähigkeit so groß ist, daß aus einem beliebig herausgeschnittenen Stück AB oder $A'B'$ wieder ein vollständiges Tier mit dem blumenartigen Kopf K und dem Stamm S herauswächst. Allein im ersten Fall liefern die gegen A gelegenen Partien den Kopf, die unteren, etwa $A'B$ den Stamm; im zweiten Fall wird aus $A'B$ der Kopf, aus dem Rest der Stamm. So muß denn in einem beliebigen Teil $A'B$ des ursprünglichen Stammes die Fähigkeit vorhanden sein, sich je nach der Lage des zweiten Schnittes bald in diesen, bald in jenen Teil des vollständigen Tieres zu verwandeln. Eine mechanistisch vorgebildete „Struktur“, die je nach der relativen Lage der geführten Schnitte ihre Rolle übersieht und sich demgemäß wandelt, ist offenbar wegen der unendlich vielen Möglichkeiten, denen sie begegnen müßte, undenkbar. Noch merkwürdiger ist das Verhalten der Art Ascidie Clavellina, die im wesentlichen aus dem Kiemenkorb und dém Eingeweide besteht. Trennt man den Korb für sich ab, so schrumpft er zuerst zu einem homogenen Kugelgebilde zusammen, aus dem

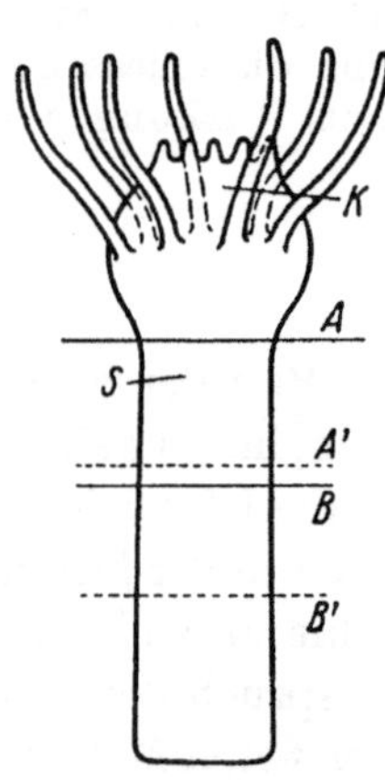
Abb. 6. Regeneration bei der Polypenart Tubularia.

---

[1] Philosophie des Organischen 1921. S. 113, 119 u. f.

durch Neuformation ein ganzes mit allen Organen ausgestattetes Tier, nur in verhältnisgleich reduzierter Größe entsteht.

Endlich können erstaunliche Tatsachen aus dem Werdestadium der Organismen festgestellt werden. Die Mehrheit entsteht durch Vereinigung des männlichen Spermatozoons mit dem weiblichen Ei, und die unfehlbare Treue der Reproduktion der (gemischten) Elternmerkmale ist uns aus der alltäglichen Erfahrung bekannt. Wenn man nun nach der ersten Teilung des Eies in zwei Zellen diese Zellen vorsichtig trennt, so kann aus jeder ein vollkommenes Individuum entstehen. Es gelang selbst nach der Teilung in 4 Zellen, aus einer beliebigen davon, ein ebenfalls vollkommenes, nur in der Größe verhältnisgleich reduziertes, Tier zu züchten.

Ja, verehrter Meister Driesch, gerade wir vom Maschinenbau gehen mit Dir in der kategorischen Ablehnung des Gedankens, daß solche Wunder durch eine (physikochemische) „Maschine" vollbracht werden könnten, einig. Im Schlußwort erläutern wir, warum allerdings gerade diese unsere Maschinenbaukenntnis uns den Anschluß an die abstrakte Erklärungstheorie mittels der „Entelechie" in etwas erschwert.

Entwicklungsmechanik. Die Wunder des organischen Werdens werden seither durch diese grandios ausgebaute Disziplin[1] systematisch untersucht, indem man die Embryonen und ausgewachsene Tiere kühnsten Versuchen unterwirft, sie insbesondere durch operative Eingriffe (wie Transplantation) Situationen gegenüberstellt, die in der Natur überhaupt nie von selbst eintreten können. Mit welcher inneren Erregung muß der Forscher der Antwort lauschen, die ihm die Natur auf solche Fragen gibt!

Die wesentlichen Ergebnisse, an welchen der Freiburger A. Spemann[2] und seine Schule den größten Anteil trägt, sind die folgenden:

Man glaubte früher, daß die embryonale Entwickelung nach dem Prinzip der „Einschachtelung" oder „Präformation" vor sich gehe, wie dies allerdings in gewissem Sinne bei den sog. Mosaikeiern der Fall ist, wo diejenigen Substanzteile, aus welchen bei normaler Entwicklung des Eies die hauptsächlichen Organe des Lebewesens entstehen, örtlich in der Keimmasse getrennt und für viele Tierarten genau ermittelt worden sind. Bald aber stellte sich heraus, daß diese, der materialistischen Auffassung scheinbar Vorschub leistende Anschauung nicht haltbar ist. Dies erweisen die sogenannten „Regulationseier", bei welchen von solcher Lokalisierung nichts wahrgenommen werden kann und welche die ganze Fülle der in ihnen waltenden schöpferischen Potenz offenbaren, wenn infolge von Störungen die normale Entwickelung nicht eingehalten werden kann. Da zeigt sich, daß gewisse Bezirke des Keimes, die man nach Spemann **Organisatoren** nennt, gewissermaßen die Rolle eines **bauleitenden Ingenieurs spielen** der — den Bauplan des Ganzen überblickend — die seinem Einfluß unterliegende Umgebung der Keimsubstanz zu der **besten, den veränderten Umständen angepaßten Anlage** der Organe auf allerdings vollkommen unbekannte

---

[1] Empfehlenswerte Übersichtslehrbücher sind:
  Weiß, P.: Entwicklungsphysiologie der Tiere. Leipzig 1930;
  Dürken, B.: Grundriß der Entwicklungsmechanik. Berlin 1929.
[2] Vgl. Vogt, W.: Spemann zum 60. Geburtstag, in Roux, Arch. f. Entw. Mech. **116**, 1, (1929).

Weise zwingt. Überträgt man diesen „Organisatorbezirk" operativ von einem Keim auf einen andern, so gibt es bei genügender Nähe an den ursprünglichen Organisator des zweiten Keimes eine Verständigung. Die beiden Bezirke verschmelzen in Eins und erzeugen mit vereinten Kräften ein kräftigeres, größeres Individuum. Ist die Entfernung, in die man den fremden Organisator einheilt, zu groß, dann ist eine Verständigung vereitelt; der Fremdling baut aus der Substanz der Wirtzelle ein eigenes Individuum, das jedoch mit dem ursprünglich veranlagten zusammen verwachsen bleibt, so daß Doppelbildungen mannigfacher Art entstehen. Dieser organisierende Bauleiter diktiert jedoch nur die **großen Züge der Entwicklung;** die **Detailausführung** überläßt er, — genau wie in wohlverwalteten Maschinenfabriken, untergeordneten Hilfskräften, denen der Aufbau einzelner Organe oder einer Organgruppe, z. B. eines Gliedmaßes, obliegt.

Diese Trennung der Gewalten und die geringeren Kompetenzen der Unterführer kommen vor allem bei der Regeneration von durch Unfall oder operativ in Verlust geratenen Organen zu merkwürdigem Ausdruck. Man hat beispielsweise eine Extremität eines Triton der Länge nach gespalten, die eine Hälfte entfernt und von der anderen das Ende wegamputiert. Der Unterführer vermag nicht zum übrig gebliebenen Stumpf die fehlende Hälfte zu regenerieren; wohl aber ersetzt er das fehlende Ende und zwar erstaunlicherweise durch ein vollkommenes (nicht halbiertes) Gliedmaß. Der Oberingenieur scheint nur im folgenden, zu den verzwicktesten Fragestellungen gehörenden Experiment interveniert zu haben. Einem Molch wurde ein Bein knapp am Leibe wegamputiert, vom Rest das Kniestück herausgeschnitten und mit dem Unterschenkelende (also in verkehrter Richtung) an den Stumpf angeheilt. Wird der Unterführer, — was in seiner Kompetenz steht, von dem nach außen gerichteten Oberschenkelende ausgehend den Oberschenkel (daran anschließend folgerichtig ein neues Tier) regenerieren? Nein — der oberste Bauleiter, **der den Plan des Ganzen kennt** nimmt die Notwendigkeit wahr einzuschreiten und zwingt den Unterführer ein Gliedmaß-Ende der Art hinzuzuerzeugen, wie es vom Tier benötigt wird. Dies geschieht, jedoch mit der Bildung eines neuen zweiten Knies an das sich der Unterschenkel mit richtigem Fuß anschließt. Die Bildung des Doppelknies erfolgt wohl, weil das verkehrt eingeheilte erste Knie nicht richtig gebraucht werden kann. Immerhin sind also der Macht des Organisators Grenzen gesetzt, wenn er einzuschreiten hat, nachdem die Entwicklung zu weit fortgeschritten ist[1].

Anderseits vermag er in lebenswichtigen Fällen eine große Energie zu entfalten. Das Auge der niederen Tiere bildet sich in Form eines Bechers zu dem die darüber liegende Außenhaut die Linse anliefert. Man hat beim Frosch Rana esculenta den in Frage kommenden Hautteil durch ein Hautstück aus der **Bauchgegend** einer **anderen Species** (Buto vulgaris) **operativ ersetzt** und festgestellt, daß diese nie hierzu benutzte Bauchhaut doch wieder eine richtige Linse bildete. Dies kann nur durch einen vom Augenbecher ausgehenden Zwang (Reiz) erklärt werden. Man sagt: der Augenbecher (wir sagen: der dieses Organ betreuende Unterführer) hat die „Organisationspotenz" für Linsenbildung.

---

[1] Vogt, W.: Mosaikcharakter und Regulation in der Frühentwicklung des Amphibieneis. Verh. d. Dtsch. Zoolog. Ges.: 32. Jahr.-Vers. München 1928. — Reith. F.: Naturwissenschaften **1931,** 398.

Ganz eigentümlich ist die Rolle des Nervensystems. Während der normalen Entwicklung des Embryos ist sein Einfluß erwiesenermaßen Null. Es soll sehr schwierig sein Nervenfasern von einer sich zu entwickeln beginnenden Extremität fern zu halten; aber es gelingt und die Extremität entwickelt sich doch. Wenn jedoch die fertig gebildete Extremität amputiert wird, ist sie nicht regenerierbar, sofern nicht die Verbindung mit dem sympathischen Nervensystem erhalten bleibt. Auf die Rückenmarknerven, auf das Zentralnervensystem, also wie man glauben darf, den eigentlichen Herrscher des Geschöpfes kommt es dabei nicht an.

Verpflanzt man den Nerv einer Extremität operativ in die Nachbarschaft der Extremitätenbasis und ruft an jener Stelle eine kleine Wunde hervor, so **vermag der Nerv das Auswachsen einer überzähligen Extremität hervorzurufen.** Derselbe Nerv in die Schwanzregion geleitet, ruft einen **überzähligen Schwanz** hervor.

Man kann umgekehrt den Organisatorbezirk des Beines von einer Keimzelle auf den Rücken einer Amblystemalarve einpropfen[1], dann entwickelt sich aus der „Knospe" ein Bein und der dem Rückenmark entsprießende nächst benachbarte Nerv sucht sich den Weg zum Bein um es der Herrschaft des Zentral-Nervensystems zu unterwerfen. Wenn aber an die gleiche Stelle eine Augenanlage eingepropft wird, so begibt sich der gleiche Nerv nach dorthin[2] und übernimmt wohl die Sehfunktion.

Wunder über Wunder! Wer will die Verwegenheit aufbringen sie in der Art „erklären" zu wollen, wie wir die Bahn des geschleuderten Steines aus Anfangsgeschwindigkeit und Schwerbeschleunigung in unserer alten Mechanik erklären. Alle Theorie kann hier nur ein beschreibendes Tasten inmitten tiefen Dunkels sein.

Eines ist vollendete Tatsache: **Wir sind vom primitiven Materialismus und Mechanismus befreit.** Der erstere wirkte auf jedes denkende Gemüt abstoßend durch die naive Unterstellung, daß das Geheimnis des Lebens durch die zur Zeit seiner Blüte (vor 50 Jahren und bis vor kurzem) bekannten elementaren physiko-chemischen Kräfte, also im wesentlichen durch Molekülstöße erklärbar sei. Wenn mein feuriger dahingeschiedener biologischer Freund wieder auferstehen und betrachten könnte, was die neue Mechanik aus der ihm vertrauten Materie und die Entwicklungsmechanik aus der organischen Materie gemacht — ganz sicher, er wäre heute nicht mehr „Materialist".

Aber ein tieferes Eindringen auf das Wesen der Entwicklungsvorgänge ist der Wissenschaft vorderhand verwehrt, da sie nach P. Weiß[3] schon über die Mittel der Formbildung nur ganz mangelhaft unterrichtet ist. Weiß führt als führende Erklärungsrichtungen die „Gestalttheorie" und die „Feldtheorie" an. Erstere bildet die Analogie zu einer in der experimentellen Psychologie viel erörterten Lehre, die im Satze gipfelt, daß die Eigenschaften einer Gestalt psychologisch mehr bedeuten als die Summe der Eigenschaften der Teile aus denen sie besteht. So enthält die Wahrnehmung eines Quadrates mehr als nur diejenige von vier begrenzten Graden; oder die einer Melodie mehr als die Wahrnehmung der einzelnen Töne, weil eben die Relationen (also die Relativität)

---

[1] Detwiler: Naturwissenschaft **15**, 873 (1927).
[2] P. Weiss, a. a. O., S. 72 Mitte.   [3] A. a. O. S. 133 Mitte.

der Teile zueinander hinzukommen, zu deren Wahrnehmung der Seelenblinde (Idiot) nicht fähig ist[1]. Auch der Gesunde wird sich des Unterschiedes bewußt beim plötzlichen Herausfinden der „Vexierfigur", deren Einzelteile er lange vorher klar wahrgenommen hat. W. Köhler, der die Gestalttheorie durch physikalische Gründe zu stützen unternommen hat, glaubt[2] aus dem physikalischen Lehrsatz von der Konstanz der potentiellen und kinetischen Energie eines Massensystemes erklären zu können, warum bei Störungen der Entwicklung der Endzustand mehr oder weniger eindeutig der normalen Ganzheitsbildung des Organismus zustrebt. Seine Deduktion läuft letzten Endes darauf hinaus darzutun, daß nach Vernichtung der kinetischen Energie durch Reibungskräfte ein Massensystem sich schließlich in die der kleinsten potentiellen Energie entsprechende Gleichgewichtslage begibt. Deren Korrelat wäre die Gestalt, die ein Organismus bei auftauchender Störung schließlich annimmt. Im Wesen aber bedeutet solche Erklärung gleichviel, als daß ein aufgezogener Wecker, wenn ausgelöst, „abschnurrt"; sie wird dem Über- oder Außermechanischen, das nach den vorhergehenden Ausführungen notwendigerweise als im Organismus wirksam angenommen werden muß, in keiner Weise gerecht. Daher schließt sich Weiß der von ihm modifizierten „Feldtheorie" von Gurwitsch an und definiert den mißverständlichen, an physikalische Vorstellungen erinnernden Begriff „Feld" als „wirksamen Organisationszustand" des organischen materiellen Systems. Der Hauptinhalt ist das Postulat der „Autonomisierung", das der alten Lehre von der „Praeformation" aller künftigen Entwicklung in der Keimzelle entgegentritt. Wie kann in der Tat das Verhalten eines Keimes in einem von Menschen ausgeklügelten Experiment präformiert sein, wenn dieses so teuflisch angelegt ist, daß es in der Natur schlechterdings nicht vorkommen kann. Daß vielmehr die lebendige Substanz sich nach den gegebenen Umständen richtet, ihre „Entschlüsse" faßt und so der Organismus, wie sich die Biologen ausdrücken, **nicht als einfache Summe** gegebener Teile und Wirkungen verstanden werden darf, das bezeichnet P. Weiß als den **gewaltigen Fortschritt** der neuern Entwicklungslehre gegenüber der alten. Es schwebt also etwas wie ein „Geist" über den Gewässern des biologischen Geschehens, ohne daß man freilich seine Beschaffenheit irgendwie näher zu erklären vermöchte. Um aber ja nicht einer „metaphysischen" Ketzerei verdächtig zu werden, machen zahlreiche Biologen von der Vorstellung des „Feldes", das nur Ersatz für die gänzlich unbekannte Art der Organisatorwirkung ist, Gebrauch. Von Gurwitsch[3] selbst wird zwar der Begriff deutlich als das „Rätselhafte" und als „Fiktion" bezeichnet, doch geht er in dessen geometrischer Ausmalung als „Vektorfeld" unseres Erachtens zu weit, wie in der auf seine Anregung entstandenen, an sich sehr feinen Untersuchung seines Schülers Anikin[4] klar wird.

Dieser trachtet bereits die sukzessiven Kerndeformationen der Knorpelzellen durch mathematische Formeln wiederzugeben, wobei die Annahme gemacht wird, daß für die radiale Verschiebungsgeschwindigkeit eines Kernumfassungspunktes der Ausdruck $v = K/R$

---

[1] Nach J. Fröbes, S. J. Lehrbuch der Experimentellen Psychologie. Freiburg 1923. Bd. I. S. 451 u. f.

[2] Zum Problem der Regulation. Roux Arch. f. Entw. Mech. **112**, 313 (1927).

[3] Weiterbildung und Verallgemeinerung des Feldbegriffes. Roux Arch. f. Entwickl. Mech. **112**, 433 (1927).

[4] Das morphogene Feld der Knorpelbildung. Roux Arch. f. Entwickl. Mech. **114**, insbesondere S. 563 (1829).

gilt, wo R den Abstand von einem „Feldzentrum" bedeutet. Dieser Ansatz hat die von
Anikin nicht bemerkte, soweit günstige Eigenschaft, daß der Flächeninhalt des Kernquer-
schnittes während der Verschiebung unverändert bleibt. Aber wenn man sich in weitere
Rechnungen, sogar eine Integration

$$v = \frac{dR}{dt} \qquad \text{daraus} \qquad \int R\,dR = \int K\,dt \qquad \text{oder} \qquad R2 = 2\,Kt + C \qquad \text{usw.}$$

einläßt, so wird damit der Anschein eines tieferen Eindringens in Gesetzmäßigkeiten erweckt,
während nur beschreibender und nichts erklärender Formelkram äußerst primitiver Art
vorliegt.

Wohl kann man uns Technikern vorwerfen, daß wir auch schon erklecklich
viele angenäherte „Integrale" aufgestellt haben. Oder, was gewichtiger ist, daß
mit der exakten Berechnung der Bahn des fallenden Steines keine wahre „Aufklärung", sondern bloße Beschreibung mittels des nicht weiter aufhellbaren fik-
tiven Begriffes der „Kraft" geboten wird. Allein die Physik dringt doch bis zu
den Elementarteilchen der Materie vor, die sie in überraschender, ja triumphaler
Weise auf Urbestandteile wie Elektron, Proton und Photon zu reduzieren verstanden hat. Erst dort beginnt für sie das Mysterium. Die Biologie aber hat
es mit makroskopischen Materieklumpen zu tun, deren auch im Spermatozoid
noch nach Milliarden zählende selbständigen Moleküle der Herrschaft eines, **über
den Raum unfaßbar ausgebreiteten, Ordnungsprinzipes unterworfen sind.** Ihr
ist das Eindringen in die Tiefe unendlich viel schwieriger gemacht als der Physik;
sie muß sich mit der Ableitung praktisch brauchbarer Regeln begnügen, wie in
der, allerdings glänzend bewährten Lehre von Mendel. Die praktische Nutz-
anwendung ihrer Errungenschaften hat bereits mächtige Fortschritte gemacht,
was beispielsweise durch die Tatsache belegt werden möge, daß die ursprünglich
in schnöde Richtung gelenkte Steinachsche Operation der Keimdrüsen-
überpflanzung, bei Rindern — in Hinsicht einer allgemeinen Kräftigung,
Muskel- und Knochenentwicklung — ausgezeichnete Erfolge gezeitigt hat.
Ebenso die Injektion des Saftes der Gehirnanhangsdrüse in bezug auf Milch-
ergiebigkeit[1].

Der Ingenieur darf also wieder eine gewisse Verwandtschaft mit der Art seines
Schaffens herausfühlen und somit bei aller Bewunderung der erstaunlichen
Einblicke in das Organische, die wir der neuen Biologie verdanken, neidlos von
einem Gebiete Abschied nehmen, das noch viel weiter als die Physik davon
entfernt ist, auf letzte Rätselfragen Antworten erteilen zu können.

---

[1] Nach Grüter, Neue Zürich. Ztg. 1931 Nr. 161. Seither lesen wir in Umschau 24. Okt.
1931, daß in rein wissenschaftlicher Absicht fortgeführte Untersuchungen Steinachs zum
biologisch außerordentlich wichtigen Ergebnis geführt haben, daß nicht nur, wie schon vor
Jahren bewiesen, die Geschlechtscharaktere eines Tieres von der Absonderung eines bestimmten Hormons in den Keimdrüsen abhängen, sondern daß, wenigstens die weiblichen Drüsen,
(im Gelbkörpergewebe) normal auch ein Hormon erzeugen, welches die Entwicklung männ-
licher Geschlechtscharaktere anregen kann, wenn es infolge einer Störung im Übermaß entsteht. Diese Weiterentwicklung verleiht einer (im Text übergangenen) physiologischen
Theorie Goldschmidts, der die Bedeutung rein chemischer Einflüsse für die organische Gestaltung hervorhebt, ein erhöhtes Gewicht.

V. Ausklang.

Vorfrage.

Wird die Tatkraft des Ingenieurs nicht gelähmt, wenn er sich „tiefsinnigen" Betrachtungen über „Weltanschauung" hingibt? Muß er nicht alle Mittel des Geistes sparsam zusammenhalten, damit die „Erfindungsgabe", die viele für das Wesentliche seiner Aufgabe halten, keinen Schaden leidet? — Wir antworten entschieden mit n e i n — denn Tatkraft wurde durch Klärung der Gedankenwelt und durch Vertiefung des Urteils in Dingen, die über das Technische hinausreichen, nie beeinträchtigt, und es handelt sich ja nur um sehr, ach nur zu sehr sporadische Abschweifungen aus dem uns umklammernden Alltag. Gerade der leitende Ingenieur, den sein höherer Rang mit Persönlichkeiten und Aufgaben verschiedenster Lebenskreise in Berührung bringt, gewinnt außerordentlich, wenn er das Fundament seiner natürlichen Begabung durch eine tiefere Verstandes- und Seelenbildung verbreitert.

Gleiches verlangt gebieterisch die innere Ehrlichkeit, die unmöglich beruhigt sein kann, solange die letzten Beweggründe unserer Handlungen von nebelhaften Unklarheiten umgeben sind. Daher der natürliche Wunsch, zu erfahren, was die Wissenschaft über diese letzten Gründe überhaupt auszusagen vermag. Hierzu sollte die gedrängte Übersicht der vorausgehenden Abschnitte über den heutigen Stand einiger uns nahestehender Wissenszweige dienen, aus denen nun die Schlußfolgerungen zu ziehen sind.

Kausalität oder Zufall?

Da drängt sich wohl vor allem die Tatsache drohend auf, daß die Wissenschaft von der toten Materie bei ihrem Angriff auf die Geheimnisse der elementaren Vorgänge in der Atomwelt — verglichen mit der Klarheit der unter der Wirkung von Zentralkräften spielenden Atome der alten Schule — in die unfruchtbare Wüste des „Zufalls" zurückgeworfen wurde, und zwar grundsätzlich, nicht nur wegen der Schwierigkeit, die Bestimmungsdaten von einer größeren Atomgruppe durch Beobachtung festzustellen. Während früher in Verbänden von kleinen Atomzahlen die strenge Notwendigkeit herrschte, bleibt jetzt selbst für das Verhalten eines einzigen Atomes nur noch eine im Sinne eines s t a t i s t i s c h e n Mittelwertes verstandene „W a h r s c h e i n l i c h k e i t s"-Aussage übrig. Es wäre größtes Unrecht, der Physik hieraus einen Vorwurf machen oder über dies Ergebnis hochmütig hinweggehen zu wollen. Jene Früchte sind Ergebnisse einer beispiellos hingebungsvollen Arbeit und Forschung, gedeutet durch die höchste Blüte scharfsinniger, ja genialer Meister[1]; es wäre anmaßend, ja lächerlich, zu

---

[1] Wobei die Mitteilung psychologisch interessant sein dürfte, daß das mittlere Alter dieser maßgebenden Meister heute um 30 Jahre herum spielen dürfte.

glauben, daß man hier leichten Spieles zu etwas „Besserem" gelangen könnte. Erfreulich ist, daß auch die gehässige Geringschätzung, mit der sich noch vor kurzem Geistes- und Naturwissenschaften gegenseitig befehdeten, glücklicherweise erheblich nachgelassen hat, besonders durch die Wandlungen der letztern.

Blicken wir also der Situation entschlossen ins Auge: **Gebrochen ist durch die stolze und exakteste aller Wissenschaften für das physiko-chemische Geschehen das große Kausalitätsgesetz**, d. h. die Eindeutigkeit der Wirkung aus einer bestimmten gegebenen Ursache. Auch der berühmte Weltgeist von Laplace, dem in einem gegebenen Augenblick alle Atomlagen und Geschwindigkeiten der Welt bekannt wären, würde nicht mehr den wirklichen Zustand der Welt zu einem späteren Zeitpunkt, sondern nur noch dessen „Wahrscheinlichkeit" vorhersagen können. Im übrigen ist die Annahme einer Kenntnis der Anfangslagen usw. hinfällig, da nach Heisenberg die genaue Ermittlung irgendeines Zustandes grundsätzlich ein Ding der Unmöglichkeit ist. Es bleibt also selbst für den Weltgeist bei der durch örtliche und zeitliche Vorschriften über die Wahrscheinlichkeit gemilderten Herrschaft des unberechenbaren Zufalls im atomaren Geschehen.

Mit dieser Feststellung harmoniert, daß auch die Biologie dem Zufall eine große Bedeutung zuspricht. Er spielt einerseits in der Mendelschen Vererbungslehre eine Rolle, wo im Zusammentreffen der verschiedenartigen Gameten das allerdings harmlosere Zufallsgesetz der großen Zahlen wie bei den Glücksspielen maßgebend ist. In ganz krasser Form beherrscht er die Mutationen, d. h. die in atomaren Feinheiten höherer Ordnung sich abspielenden Veränderungen der Erbanlage, wodurch er bestimmend wird für die Evolution der organischen Natur. Eine einzige Versuchsreihe von Jollos (S. 81) aus neuester Zeit eröffnet die Möglichkeit, den Zufall auch hier einem gewissen Gesetz des „Gerichtetseins" zu unterwerfen. Da jedoch nur die wenigen Umweltfaktoren, wie Temperatur, Feuchtigkeit u. ä., in Frage kommen, so wäre auch dann für die Erklärung der Richtung, welche die tatsächliche Entwicklung genommen hat, wenig gewonnen.

Doch hat die zu hoher Blüte gelangte Entwicklungsmechanik die Biologie gezwungen, den mechanischen Standpunkt aufzugeben, was mit der Einsicht gleichbedeutend ist, daß der in Physik und Chemie heute vorhandene Wissensinhalt, die organische Entwicklung nicht zu erklären vermag. Driesch gebührt das Verdienst, die Notwendigkeit für die Anerkennung eines überphysiko-chemischen Prinzipes, welchem er den vielleicht mißverständlichen Namen „Entelechie" gab, erwiesen zu haben. Daß die Modernen vorziehen, von einem „Feld" zu sprechen, tut nichts zur Sache. Der Urheber dieser Bezeichnung[1] betont selbst, daß es ihm ferne liegt, durch die Feldkonstruktion das „Rätselhafte" des Organischen entschleiern zu wollen. Wäre nicht die alte Zwietracht zwischen Biologie und Philosophie, so würden wir in aller Aufrichtigkeit, da wir in jenseits des Physikalischen Liegendes gedrängt werden, zugestehen, daß es sich um etwas Metaphysisches handelt. Damit soll alten philosophischen Schulen, die durch ihre Anmaßung vieles verschuldet haben, kein billiger Triumph zugeschoben werden; wenn einmal endgültige Klärung erreicht ist, wird wohl etwas auch metaphysisch

---

[1] Gurwitsch: Weiterbildung des Feldbegriffes. Roux Arch. f. Entwick. Mech. **112,** 444 (1927).

Neues herauskommen, aber schon heute müssen wir den Mut und die Billigkeit
haben, mit der zwar wunderschönen, aber unzureichenden Molekülstoßtheorie
der alten Schule, kurz der **materialistischen Weltanschauung endgültig aufzu-
räumen.**

Überblicken wir die ganze Entwicklung, so ist festzustellen, daß zwar die
Relativitätstheorie, die neue Physik, die Biologie den Horizont unserer Einsichten
in das Weben des Raumes, der Materie und des Organischen in überwältigendem
Maße erweitert haben, daß aber die Tiefe der Natur sich größer erwiesen hat als
die Blickkraft des Intellektes. Wenn wir uns die Zerfahrenheit der heutigen
,,Theorie" voll vergegenwärtigen, so erfaßt uns blitzartig der Verdacht, ja die
Überzeugung, daß es eine **Verwegenheit sondergleichen** von der Wissenschaft war,
uns als Fata Morgana vorzuspiegeln, daß wir je auf den Grund des Naturwebens
vorzudringen vermöchten[1].

Der Philosoph H. Dingler hat diese Sachlage unter dem weit dunkleren Bilde eines
Zusammenbruches der Wissenschaft[2] überhaupt dargestellt. Nach ihm befänden wir uns
(S. 10), in bezug auf die Wissenschaften (vor allem die ,,exakten"), in einem Zustand, wo ,,nichts
mehr wirklich sicher, alles möglich ist . . ., wo es keine Basis und keine Richtlinien mehr gibt,
nichts, nichts was sicher wäre —" als das Chaos, der Zusammenbruch. Sogar die ,,Mathe-
matisten" seien an einem Ende angelangt, da Brower und Weyl sich für Aufhebung des
berühmten Satzes vom ,,ausgeschlossenen Dritten" einsetzen[3]. Mit der Erfindung der nicht-
euklidischen Geometrie (S. 399) sei den Wissenschaften die **Sicherheit des Instinktiven, von
der sie vorher gelebt hatten, abhanden gekommen.**

Dieser Auffassung ist entgegenzuhalten, daß die Wissenschaft sich mit der
beständig fortschreitenden Entdeckung neuer Tatsachen in der Natur beständig
wandeln muß, und daß nicht sie zusammengebrochen ist, sondern der **naive
Glaube** unserer (genauer: der älteren) lebenden Generation an die **Heiligkeit
ephemerer Lehrsätze oder Weltgesetze,** mögen diese im Augenblick ihrer Aufstellung noch so umfassende und überwältigende Fernblicke dargeboten haben.
Wir erkennen, daß Mach mit seiner ,,Ökonomie des Denkens" in der Naturwissenschaft, wenn man diesen Begriff recht deutet, doch nicht so Unrecht gehabt,
wie wir früher glaubten. Heilig bleibt nach wie vor **die Hingabe an die Forschung,**
die sich aber, wie wir dargelegt, im Charakter mehr und mehr der Technik nähert.
Ihre Würde wahrt sie durch Freiheit von allen utilitarischen Rücksichten, die
in der Technik, ihrer Bestimmung nach, maßgebend bleiben müssen.

Nun aber ist es an der Zeit aus dem Gebiet des unbewußt Mechanischen, oder
organisch Vegetativen in die Sphäre des Bewußten hinauszutreten, also die kühne
Frage zu stellen

---

[1] Der Dichter hat nicht erst die Ankunft der Quantenmechanik abzuwarten gebraucht.
Er sang aus tiefer Intuition:

> ,,Geheimnisvoll am lichten Tag
> läßt sich Natur des Schleiers nicht berauben,
> und was sie deinem Geist nicht offenbaren mag,
> das zwingst du ihr nicht ab mit Hebeln und mit Schrauben."

[2] Der Zusammenbruch der Wissenschaft und der Primat der Philosophie. München 1926.

[3] Der Ingenieur, der — nach bewährten Formeln rechnend — felsenfestes Vertrauen
in die mathematischen Ergebnisse setzt, wird mit allergrößtem Erstaunen von diesem logischen
Zwiespalt Kenntnis nehmen. Eine vorzügliche (und zwar gegnerische) Darstellung findet
er in F. Gonseth, Les fondements des mathematiques; Blanchard, Paris 1926;
die zu lesen freilich nur anzuraten ist, falls wir durch Kraftüberschuß angriffslustig und
siegeszuversichtlich geworden sind.

Was ist Geist?

Wir wollen uns vorerst der Führung der physiologischen Psychologie anvertrauen um zu hören, was sie über die **Wechselwirkung zwischen Körper und Geist** auszusagen hat.

Bekanntlich hat die Untersuchung der physiologischen Vorgänge[1] in unserem Nervensystem zu tiefgehenden Einsichten über die materiellen Vorbedingungen alles Psychischen geführt und insbesondere die krankhaften Affektionen der Psyche in ungeahnter Weise aufzuklären vermocht. Hauptgrundsatz ist: **Jedem psychischen Vorgang entspricht ein physiologischer, also physiko-chemischer Prozeß** (ob auch umgekehrt, ist nicht beantwortbar). Die philosophischen Deutungen, daß das Psychische eine Begleiterscheinung (epiphänomenon) des Physischen ist, oder daß beide zwar von einander unabhängig sind, aber vermöge einer prästabilisierten Harmonie parallel nebeneinander einherschreiten, oder im Sinne von Mach nur zwei verschiedene Seiten eines und desselben Urphänomens sind (Identitätshypothese) von „innen" bzw. von „außen" gesehen, hat für unsern Zweck keine weitere Wichtigkeit; wir können sie übergehen. Wesentlich ist, daß die Zuordnung („Lokalisation") bestimmter Vorstellungsgebiete zu entsprechenden Gebieten des Zentralnervensystems in weitgehendem Maße erforscht worden ist. So hat sich der Hinterhauptlappen des Großhirnes als Sitz der Sehwahrnehmungen und Vorstellungen erwiesen. Der linke Schläfenlappen enthält die Zentren für den Wortlaut der Sprache, das Schriftzeichen, und die Innervationszentren der für die Hervorbringung des Sprachlautes anzuregenden Muskeln. In der Gegend des Hirnscheitels liegen die motorischen Zentren für die Bewegung der Extremitäten, in so detaillierter Weise lokalisiert, daß man die Stellen genau kennt, durch deren Reizung einzelne Finger zu Schließoder Streckbewegungen u. a. veranlaßt werden.

Kein Wunder, daß solche Nachweise den Ansporn zu kühnen Vorstößen naturwissenschaftlicher Art geliefert haben.

Lehrreich ist ein Versuch des hervorragenden Psychiaters C. Bleuler[2], der sich der „Identitätshypothese" anschließt und dem „Dogma", die Ableitung des Bewußtseins aus einem Spiel physischer Kräfte sei nicht denkbar, entschieden widerspricht. In äußerst scharfsinniger Weise wird zunächst das Gedächtnis als Vorbedingung des Bewußtwerdens, in Verbindung mit der Engramm-Theorie von Semon, hingestellt.

Die ineinanderfließenden Gedächtniseindrücke sollen ein „Wahrnehmungsgefälle" bilden und die zugehörige Funktion des Denkorganes den Keim des Bewußtseins enthalten. Das Bewußtsein wäre somit eine Eigenschaft der Funktion, nicht eine des Geschöpfes oder des Gehirns. Die große Erklärungs-Lücke für die Verschiedenheit der Sinnesqualitäten wird anerkannt. Allein, aus der energetischen Gebundenheit jener Prozesse im alten physikalischen Sinn folgen für das Bewußtsein Konsequenzen bedenklicher Art (a. a. O. S. 20, 71, 75): „Einen Zweck des Bewußtseins in irgend einem Sinne haben wir nicht

---

[1] In auch heute noch lesenswerter Weise dargestellt in dem grundlegenden Werke des großen Leipziger Gelehrten Wundt, W.: Grundzüge der physiologischen Psychologie, 6. Aufl., Leipzig 1908—1911. Ebenso Ebbinghaus, H.: Grundzüge der Psychologie, 3. Aufl., Leipzig 1911. Unter den Neuern hervorzuheben: Fröbes, S. J.: Lehrbuch der experimentellen Psychologie, 3. Aufl., Freiburg 1923.

[2] Naturgeschichte der Seele und ihres Bewußtwerdens. Berlin: Julius Springer 1921.

gefunden. „Man denkt daran, daß es die Überlegung fördern oder gar möglich machen soll.“ „Nun durchdenken wir (zwar) ein Problem, das uns ‚stark‘ oder ‚klar‘ zum Bewußtsein kommt, besser als ein anderes.“ „Aber hier ist die intensive bewußte Qualität nicht Ursache, sondern Folge der zahlreichen Verbindungen des Problemes oder der Handlung mit dem Ich.“ „Zwar ist das **Bewußtsein** für uns oder sagen wir **genauer für sich selber**, natürlich das **Wichtigste**, was es gibt. In der objektiven Welt aber spielt es ... **keine größere Rolle als z. B. die weiße Farbe unserer Knochen.**“ „Diese Einsicht ist für unsere auf menschliche Verhältnisse zugeschnittene Eitelkeit nicht gerade angenehm.“ „Das kann indessen nichts schaden ...“ —

Diese Sätze erzeugen schweren Denkdruck. Man fühlt die Gefahr, der energievoll vorgetragenen „plausiblen“ Hypothese zu erliegen, um doch gleich wieder mit Macht in den Protest auszubrechen: es kann nicht so sein! Es kann nicht sein, daß das Herzblut der Seelenkraft, das unser „Ich“ im Kampf gegen den Irrtum —, nur zu Ehren der Wahrheit, nur um den **unbestechlichen logischen Abschluß** zu erringen, verspritzt, ebenso bedeutungslos sein sollte, wie die Farbe unserer Knochen.

Wie sich der bedeutende Gelehrte Eddington vom neophysikalischen Standpunkt zu dieser Frage stellt, erläutern wir weiter unten. Einen durch biologische Einsichten gestützten neuen Standpunkt vertritt Gurwitch[2], der den Begriff seines in der Biologie zu immer größerer Anerkennung gelangenden „Feldes“ auf das psychische Geschehen überträgt. Jede willkürliche Bewegung ist ein Komplex von fein abgestuften Innervationen, Hemmungen und Sperrungen ganzer Muskelgruppen, deren Ursprungsneuronen flächenhaft über ein Gebiet der Großhirnrinde ausgebreitet sind. Diese Beeinflussung soll, wenn ich den Autor recht verstehe, das Werk eines den elementaren Geschehnissen überordneten, also insbesondere räumlich fernwirkenden Prinzipes sein, ähnlich wie der Ganzheits- (oder Feld-)Faktor die embryonale Entwicklung beherrscht.

Die auf diese Weise ins Psychische umgedeutete „Feld“theorie führt von selbst auf die Betrachtung eines anderen Rätsels, an dem wohl jeder Denkende haften blieb: des **Rätsels von der Einheit des Bewußtseins.** Wer ein Musikinstrument spielt, erhält durch die Sinnesorgane Gehöreindrücke vom Ton, Gesichtseindrücke von den Noten, Tasteindrücke (etwa von der Klaviertaste her), die nach Ansicht der Nervenlehre an **räumlich verschiedenen Punkten der Gehirnrinde** anlangen — und doch **gleichzeitig zu einem einheitlichen Ganzen verschmolzen werden.** Selbst wenn wir annähmen, daß sie schließlich in einer einzigen Ganglienzelle zusammentreffen, so müßte sich der betreffende Erregungszustand über ein räumliches Gebiet mit Milliarden selbständiger Moleküle verbreiten. Allein, die neuzeitliche Nervenlehre ist weit entfernt davon, eine solche Konzentration des Vorstellungsinhaltes vorauszusetzen. Der große Gehirnforscher v. Monakow vertritt die Ansicht[2], daß den Objektbildern Erregungszustände entsprechen, bei denen fast die ganze Rinde beteiligt ist. Übereinstimmend wird genaue Lokalisation eines Gedankens abgelehnt, zugunsten einer allermindest weit zerstreuten Inanspruchnahme von Gehirnzellen. Eine **Erklärung der Assoziationstatsachen in rein mechanistisch-physiologischer Weise** scheint Fröbes unhaltbar.

Es wäre denkbar, das oben beschriebene „Feld“ als das Agens hinzustellen, welches raumüberbrückend das Wunder der Bewußtseinseinheit zustande bringt; doch würde der Urheber der Feldtheorie wohl selbst vor solcher Kühnheit zurück-

---

[1] Der Begriff der Äquipotentialität in seiner Anwendung auf psychische Probleme. Roux Arch. f. Entw. Mech. **116**, 31 (1931).

[2] Nach Fröbes a. a. O. Bd. II, S. 50, 51, 70.

weichen. So bleibt auch an diesem Schlußpunkt unserer Untersuchung nichts übrig, als sich abermals vor einem Mysterium der Natur zu beugen.

Der Geist in den Niederungen der Psychoanalyse und der Untergangslehre.

Nach den Lehren der auch in Laienkreisen weit verbreiteten Psychoanalyse, die sich anmaßungsvoll den majestätischen Namen „Tiefen-Psychologie" beilegt, sind das bewußt geistige Leben, die Gefühle und Willensentschlüsse, mithin die Handlungen des Menschen durch Wirkungen einer sagenhaften, in keiner Weise näher umschreibbaren „unterbewußten" Sphäre der Psyche bedingt, wobei der niederen Triebwelt eine bedeutende Rolle zufällt[1]. Für Freud kam nur der Sexual-Urtrieb, „Libido" genannt, in Betracht; die Neueren räumen dem Geltungs-willen, der Scham, dem Wunschdenken u. a. einen Spielraum ein. Durch Krank-heitsgeschichten der gestörten Psyche wird das sozusagen maschinenmäßige des Denkens und Willensverlaufes erwiesen. Es ist als ob durch unrichtiges Ein-greifen von Zahnrädern, Sperrklinken u. ä. die geistige Maschinerie der Unglück-lichen in Unordnung geraten wäre. Der Mechanismus wird als „Verdrängung" bezeichnet, worunter man eben die unbewußte Aufspeicherung der aus einem bedeutsamen Erlebnis (z. B. einer Kränkung) stammenden Trieberregungen in jene unterbewußte Sphäre versteht, wo sie als „Komplexe" eingraviert ihre unheilvolle Wirkung entfalten.

Gräßlich war die Deutung der Sohnesliebe, die als „Oedipus-Komplex" in der erotischen Erregung des Sohnes gegen die Mutter ihren Ursprung haben sollte. Das tief Empörende dieses **angeblich allgemeinen** und unglaublicherweise **schon dem Säugling zugeschriebenen Hanges** hat auch in Kreisen der Psychoanalytiker endlich die verdiente Reaktion erzeugt[2]. Allein, abgesehen von solchen Auswüchsen, bleibt die traurige Tatsache bestehen, daß so viele Unglückliche, darunter hochstehende Menschen, **ein Spielball** ihrer sonstigen mannig-fachen Komplexe sind, so daß die Psychoanalyse zu einer Art Demonstration der Miserabilität der seelischen Verwaltung und Führung im Menschen wird.

Eine ihrer schlimmsten Folgen ist die ins Laienpublikum immer mehr einringende Nei-gung zu psychoanalytischer Ausforschung der andern, die die Gefahr des Argwöhnens, der Verdächtigung und Entstellung, wie auch des spionierenden Schnüffelns in intimsten Seelen- und Familien- insbesondere Sexual-Angelegenheiten birgt. Das Interesse geht nicht mehr auf den Inhalt und moralischen Wert einer Aussage oder Ansicht aus, sondern auf die „geheimen" Beweggründe, die sie vermeintlich erzeugt haben sollen, mit der Absicht einer (quasi krimi-nalistischen) „Entlarvung". Diese allgemeine Vertrauensvergiftung hat schon einen be-drohlichen Umfang angenommen. Sogar die Größen der Geschichte, Dichtung und Kunst mußten sich von Krethe und Plethe sensationslüsterne „Auslegungen" gefallen lassen. Auch hiegegen erwacht allmählich eine Gegenwirkung[3]. Wer könnte etwa bei der Deutung des

---

[1] Man vergleiche, von den grundlegenden Schriften Freuds und Jungs abgesehen, die sympathische maßvolle Darstellung von W. v. Weizsäcker: Seelenbehandlung und Seelenführung. Bertelsmann, 1926; und die mehr polemisch gestimmte Schrift von E. Michaëlis: Die Menschheitsproblematik der Freudschen Psychoanalyse. Urbild und Maske. Leipzig 1925.

[2] So in der temperamentvollen Entgegnung des großen Psychiaters O. Bumke: Eine Krisis der Medizin, München 1929 und bei W. v. Weizsäcker a. a. O. S. 57.

[3] So in Böhler: Technik und Wirtschaft 1931, S. 39, der hervorhebt, daß die meisten Richtungen (der Psychoanalyse) das Tiefste im Menschen, den Geist, übersehen. Dieser Ver-fasser macht mich auf einen hier vorzüglich anwendbaren Spruch in den „Reflexionen" von Rathenau aufmerksam, wo (S. 10) von der **Unzucht des Geistes** die Rede ist, die die letzten Spuren unbefangener Naivität (d. h. des schlichten Vertrauens) vernichtet.

heiligen Gralsgefäßes aus dem Uterusbild kaltblütig bleiben, die C. G. Jung in „Biologische Typen", Zürich 1921, S. 329ff., durchgeführt, während mir Kenner obendrein versichern, daß deren Herleitung aus der gnostischen Gefäßsymbolik durchaus zweifelhaft sei. Durch den nachdrücklichen Hinweis auf den Parsifal R. Wagners wird nun dem unbefangenen Hörer in seinem Bemühen um Verständnis dieses tief symbolischen Werkes ein widerliches Bild aufgedrängt, das für ewig in einer trockenen Fachzeitschrift hätte vergraben bleiben sollen. Dem „Tiefenpsychologen" fehlt es aber offenbar an Gefühl für die Verwüstungen, die solche sich an den gebildeten Laien wendenden Darstellungen etwa in der Seele einer Jungfrau anrichten können.

Wollte sich doch die Psychoanalyse auch der Unzulänglichkeit ihrer Theorie von der „Sublimierung" der niederen Triebe oder Komplexe bewußt werden. Daß aus Roheit je Edelmut „sublimiert" werden könnte ist kaum vorstellbar; die **Entwicklung vorhandener Keime** der in Frage kommenden Tugenden unter dem Einfluß erschütternder Erlebnisse mit **Bändigung der niederen Triebe** ist doch eine viel natürlichere in sich einleuchtende Erklärung jener Phänomene[1].

Alles zusammengefaßt muß der objektiv Urteilende trotzdem unumwunden zugeben, daß die Psychoanalyse verblüffende Heilungen erzielt und schwer Leidenden große Wohltaten erwiesen hat. Wir wollen daher gerne die Hoffnung hegen, daß Veredelung („Sublimierung") und tiefere Fundierung ihr im Laufe der Zeit ermöglichen werden, das ursprünglich aufgestellte Programm: **Befreiung der Seele von den unterirdischen Mächten der Triebe** — zu verwirklichen. Schon finden sich unter ihren Vertretern von **therapeutischem Optimismus, ja Enthusiasmus** erfüllte sympathische Vorkämpfer[2].

Optimismus und Enthusiasmus werden im Gegensatze hierzu grundsätzlich ausgeschlossen durch die Lehre Spenglers[3], die in der brutalen Feststellung: **„Der Mensch ist ein Raubtier"**, ja sogar: **„Es gibt dem Typen Mensch einen hohen Rang, daß er ein Raubtier ist"**[4] gipfelt.

„Jeder wirkliche Mann fühlt zuweilen die schlafende Glut des Urseelentums in sich, die **im Rausch des Gefühles** bestand, wenn das **Messer in den feindlichen Leib schneidet**, wenn **Blutgeruch und Stöhnen** zu den **triumphierenden Sinnen** dringen" (S. 34). Auch heute gebe es starke rassige Völker, die den Raubtiercharakter bewahrt haben, „Herrenvölker, Lieb-

---

[1] Bekanntlich legt die Psychoanalyse der Traumdeutung große Wichtigkeit bei. Nach Freud ist: „jeder Traum (ja alle psychoneurotischen Symptome überhaupt) Wunscherfüllung des Unbewußten". Später stellte er die Unterabteilung der „heuchlerischen Träume" auf, die „lügnerisch" (!) das Gegenteil dessen vorspiegeln, was die wache Seele will. (Nebenbei: eine widerliche Entstellung des vom Traume begangenen unschuldigen Irrtums). Endlich solche, die dem „Wiederholungszwang" gehorchen, wenn etwa Kriegsteilnehmer die Qualen des Krieges nachträumen. Diese widerspruchsvollen Deutungen machen jedem, der sein eigenes Traumleben verfolgt hat, klar, daß von einer Treffsicherheit überhaupt keine Rede sein kann, und daß der Traum ein Rätselhaftes des Seelenlebens ist: er gewährt erstaunliche Einblicke in die schöpferische Fülle der Psyche (der „Phantasie"), ist aber der Macht des Willens vollkommen entrückt.

[2] v. Weizsäcker, a. a. O. S. 20, der freilich auf S. 68 die schmerzliche Frage aufwirft, ob es recht sei, einem Schwindler, Phantasten und Hysteriker auf die Beine zu helfen, damit er neue Verwirrungen anstiftet.

[3] Der Mensch und die Technik, S. 14. (Unterstreichungen vom Verf.)

[4] A. a. O. S. 17. Die Tatsache, daß beim Menschen wie beim Raubtier die Augen nach vorne gerichtet sind (S. 19) und so durch Zielblick „das Beutetier bannen", wird albern als Verwandtschaftsbeweis vorerzählt. Der Vergleich mit dem Affen ist doch viel naheliegender und wird durch die täglichen Erfahrungen bestätigt. Die Zoologie beweist am Gebiß, daß Pflanzenernährung als ursprüngliche Veranlagung des Menschen anzusehen ist. Vielleicht war die Erfindung des Feuers der Grund, daß er, ebenso wie wir späte Nachkommen, dem Wohlgeschmack des gebratenen Fleisches erlag.

haber des **Kampfes gegen den Menschen,** die den wirtschaftlichen (wohl technischen) Kampf gegen die Natur den andern überlassen, um sie zu **plündern** und zu **unterwerfen**" (S. 54). Mit dem Bauerntum sei dessen **Knechtung durch einen kriegerischen Adel gegeben** gewesen „So war es, so wird es sein — oder es wird gar nichts mehr sein." „Es hat einen Sinn, diese Tatsache zu achten oder zu verachten. **Sie zu verändern ist unmöglich**" (S. 59). Das Rudel der starken Persönlichkeiten, die Unverstandenen und Gehaßten „kennen noch **das Triumphgefühl des Raubtiers, das die zuckende Beute unter den Klauen hält**" (S. 77). Sie wenden sich ab von den „**zahnlosen Gefühlen** des Mitleids, der Versöhnung, der Sehnsucht nach Ruhe" S. 34).

Woher kommt der Aufruhr der Gefühle, in die uns diese ungeheuerlichen, zynischen Darlegungen versetzen? Ich glaube hauptsächlich aus der Erkenntnis der Gefahr und der schreienden Ungerechtigkeit, die aus ihnen spricht. Daß der Urmensch sich im rauhen Klima, das ihm in der Hauptsache angewiesen war, gegen Raubtiere und seinesgleichen wie ein Raubtier wehren mußte, war ja fast eine Notwendigkeit. Welch unheilvoll flackerndes Licht ist doch über diesen Urzuständen im 1. Akt der „Walküre" ausgebreitet! Auch im Kulturmenschen der Gegenwart schäumen Raubtierinstinkte auf, wenn er Angriffskrieg ansagt und in die Schlacht zieht. Ist es aber möglich, daß wir aus dem phosphoreszierenden Blick des Tigers, dieses vollendeten Mordinstrumentes, dessen Entstehung eine grausige Frage an die Biologie ist, etwas Verwandtes, Anheimelndes, Anfeuerndes schöpften?

Nein, niemals — — die Verkoppelung gerade der Führernaturen mit dem Raubtier ist ein von Trotz eingegebener bodenloser Irrtum. Die Raubtier-„Seele" ist eine Verbindung von äußerster Energie mit **Blutdurst;** die große **Führerseele** ist eine Verbindung von äußerster **Energie mit lichterfüllten Bildern** eines **neuen Seelen-** oder **Menschenreiches.** Will uns Spengler einflößen, daß unser Luther ein verkapptes Raubtier war? — Aber genug von einer an sich wohl überflüssigen Abwehr; all dieser Grimm bezweckt ja nur, die Untergangsstimmung vorzubereiten oder scheinbar zu begründen. S. 75 steht geschrieben: „der Frevel und Sturz des faustischen Menschen ist größer als alles, was Aeschylos und Shakespeare geschaut haben". Der 5. Akt der Tragödie der Menschheit habe begonnen: . . . . „Der Herr der Welt wird zum **Sklaven der Maschine.** . . . . Der gestürzte Sieger wird vom rasenden Gespann zu Tode geschleift." Oder (S. 38): „**Der rollende Stein nähert sich in rasenden Sprüngen dem Abgrund.**"

Wie aber, wenn wir uns nur dem Untergang einer abwelkenden, einst zweckvollen und wohltätigen Wirtschafts- und Geistes-„Kultur" näherten, die uns hob, als die Verhältnisse einfach waren und die Technik noch nicht wie im Fluge neue Welten herzuzaubern vermochte. Heute ist sie von den Wirkungen ihrer atomistischen Zerfahrenheit, die sie nicht bedachte, überrannt und zu ihrer Meisterung unfähig. Vielleicht stehen wir nicht vor einem „Ende", sondern an einer verheißungsvollen Wende. Denn noch lebt im europäischen Menschen die Fähigkeit zur **Synthese von Kraft und Güte, Entschlossenheit und Kontemplation, von Zähigkeit und Großmut.** Gerade der Beruf des Ingenieurs fordert die Vereinigung dieser Triebe. Wir haben dargelegt, was uns zum Glauben an das Aufbrechen einer Morgenröte berechtigt.

Die Botschaft der Geisteswissenschaften und „Kultur".

Es wird sehr allgemein angenommen, daß der Ingenieur sich an der Mittelschule mit dem „Reifezeugnis" eine Kulturausrüstung hinreichenden Ausmaßes beschafft habe. Doch wissen wir alle, wie uns durch kleinliche pedantische Lehrer (wie könnte man auch die ungeheure Zahl der Lehrstellen mit lauter „Persönlichkeiten" besetzen wollen!) die **erhabensten Teile der Geisteswelt vergällt**, die „Aufsätze" zur Pein gemacht worden sind. Wer schlechten Geschichtsunterricht genossen (ist das nicht die Regel?) wird zeitlebens mit Widerwillen der toten Aufzählung von Jahreszahlen, „Herrschern" und Schlachten gedenken, die ihm nichts sagten, während seine Sehnsucht nach einer **Kulturgeschichte** ging, die auch die Großtaten der Technik umfassen müßte[1], zum Vorteil der Hörer jeder Bildungsrichtung.

Vielleicht wird mancher Ingenieur mit Genugtuung den Spruch des Philosophen Grisebach: „Wir haben vollauf zu tun, weil **wir uns „jetzt unhistorisch" zu verhalten gelernt haben, d. h. nicht mehr Fertiges müßig betrachtend"** zur Kenntnis nehmen. In der Tat, so ist es: wir Ingenieure haben mit Gegenwarts- und Zukunftsaufgaben vollauf zu tun und können uns nicht aufhalten lassen Fertiges müßig zu betrachten.

Daß es mit dieser Mittelschulkultur nicht getan sei, kommt in der Stiftung allgemein bildender Abteilungen an den technischen Hochschulen zum Ausdruck, wobei von selbst der starke obschon vorläufig utopische Wunsch erwacht, ein Jahr von der **Mittelschule abzutrennen** und der **Hochschule anzugliedern**, mit einem organisch auf das Technische und das Allgemeine verteilten Studienplan, aber mit voller Freiheit der Wahl für das letztere. Wer dann aus Neigung und gereifterem Verständnis eine Vorlesung über Faust oder römische Geschichte (ja warum nicht über Musik?) wählte (aber nicht in den müden Abendstunden, sondern in der Frische des Morgens), würde voll innewerden, **daß die Geisteswissenschaften geistige Botschaften zu verkünden haben**, die auf unsere tiefsten Anliegen bestimmend einwirken können. Einen umfassenden Einblick wird zwar der Ingenieur nie erlangen können — dies ist aber auch gar nicht nötig. Die in der Jugend wachen innern Sinne durchschauen rasch Tendenz und Weg, und empfangen schon aus Nußschalen des Wissens reichste Anregungen. So darf und muß auch diese Schrift — da ein Ingenieur die Kompetenz nicht haben kann, über dieses große Thema aus der Einzelkenntnis der Erscheinungen zu berichten — sich auf die Mahnung beschränken: der Ingenieur möchte die **Brücken, die zum Nachbarreiche führen, nicht trotzig oder entsagend abbrechen.** Wenn er auch nur winzige Bruchteile seiner freien Zeit einschlägiger Lektüre widmet, so wird ihm schon nach einer kurzen Spanne der Summeneffekt überraschende Befriedigung gewähren.

Ganz übergehen können wir indes die zeitgenössische Philosophie nicht, schon mit Rücksicht auf die Relativität und die neuere Physik. Zwar wird unser Interesse durch das unbegreiflich stimmungslose Werk gerade eines von seiner Gilde sehr in den Vordergrund geschobenen Philosophen stark herabgemindert; wir meinen Martin Heidegger, der sich in unendlich abstrakten und umständlichen Darlegungen über das Thema Sein und Zeit ergeht[2].

Darin treffen wir auf grundlegende Begriffe eigentümlicher Art. So wird (a. a. O. S. 182) auf der Suche nach den „weitgehendsten und ursprünglichsten Erschließungsmöglichkeiten für die Analytik des (menschlichen) Daseins" als eine solche das **Phänomen der Angst** bezeichnet. Sie gibt den „phänomenellen Boden für die explicite Fassung der Seinsganzheit des Daseins ab". „Dessen Sein **enthüllt sich als Sorge.**" Er befürchtet zwar, daß diese „ontologische Interpretation des Daseins als Sorge gesucht und theoretisch ausgedacht erscheinen könnte." Aber es bleibt bei diesen Feststellungen, auf die man am liebsten den Ausspruch

---

[1] Vgl. die feingeistige Studie von Prof. R. Grammel: Technik und Kultur. Festrede Stuttgart 1929.

Was uns und jedem Gebildeten Kulturgeschichte an geistigen Werten vermitteln könnte, wird man aus dem bei der Akad. Verl.-Ges. demnächst erscheinenden Werke von E. Ermatinger: Die Deutsche Kultur im Zeitalter der Aufklärung, ersehen.

[2] Sein und Zeit, Sonderabdruck aus dem Jahrbuch für Philosophie und phänomenologische Forschung. Erste Hälfte. Halle 1929.

von Medicus[1] von den „**Verzweiflungskrämpfen** die europäische **Philosophie durchzucken**", anwenden möchte. Welcher Kontrast gegen das anfeuernde des „vitalen élan" eines Bergson. Allein im Dunkel der Nachkriegszeit würden wir dem Philosophen in seinem Ernste gerne folgen, wenn wir **eine Tiefe als Begründung** erblicken würden. Leider finden wir nur eine alte lateinische Fabel vor (a. a. O. S. 197), was doch all zu dürftig ist.

Hingegen bleibt beachtenswert, daß Heidegger die erkenntnistheoretische Frage nach dem Sinn des „Seins" des „Seienden" als von aller Philosophie bisher noch unbeantwortet hinstellt, und darum zum Zentrum seiner Untersuchungen macht. In der ersten Hälfte seines Werkes wird auf den (physikalischen) Zeitbegriff Einsteins bedauerlicherweise kein Bezug genommen; der enge Zusammenhang mit den philosophischen Grundfragen der neuen Physik aber ist augenscheinlich. Äußert sich doch Born[2], daß man mit Rücksicht auf den Dualismus Welle-Partikel, die Frage: „was ist der Träger des Naturvorganges" als nicht beantwortbar, ablehnen muß, so schwer es sei, sich an diesen Verzicht zu gewöhnen.

Noch extremer ist der Standpunkt von R. Carnap[3] der jeder Art von Metaphysik den Charakter einer Wissenschaft abspricht. Der Begriff einer vom erkennenden Bewußtsein unabhängigen Wirklichkeit wird, weil nicht durch wissenschaftliche Begriffe definierbar, also „metaphysisch" — abgelehnt. Anderseits gilt jede wissenschaftlich gestellte Frage als grundsätzlich beantwortbar, aber es wird als nicht sinnvoll bezeichnet, metaphysische, — also unbeantwortbare Fragen zu stellen. Indem man sich (a. a. O. S. 182) auf die zwischen den Elementarerlebnissen bestehenden Beziehungen beschränkt, gäbe es folgerichtig kein „ignorabismus". Dieser Optimismus wird überboten im Schlußsatz der Königsberger Rede[4] von Hilbert: „wir müssen wissen und wir werden wissen". Daß es hiernach „unlösbare Probleme überhaupt nicht gibt", werden wir unwillkürlich eher auf die persönlichen Erlebnisse und Erfolge des genialen Mathematikers übertragen.

Zu selbstbewußtes Pochen auf die Kraft abstrakter Spekulation und böser Dünkel haben die klassische Philosophie mit Recht in Mißkredit gebracht. Heute tritt als starker Ankläger Albert Schweitzer auf, dessen einzigartige Persönlichkeit Beachtung zur Pflicht macht[5].

In gelegentlichen Vorlesungen an der Universität Upsala[6] ging dieser Denker auf das **Wesen der Kultur** ein, die ihm heute, ohne Adel der Gesinnung, im Niedergange begriffen erscheint, auf dem Wege der Selbstvernichtung. Aber — für den Ingenieur bemerkenswert und überraschend — er stellt nicht die Technik als **die Schuldige** an diesem Zustand hin, **sondern — die Philosophie** (S. 3).

Die Weltanschauung der Aufklärungszeit sei durch die klassische Philosophie auf einen logisch erkenntnistheoretischen Dogmatismus neu gegründet worden, dessen Zeit seit dem Aufblühen der induktiven Naturwissenschaften endgültig vorüber ist (S. 4). Die neuere Philosophie sei aber weltfremd, schöpferischen Geists bar. Die **Lebensprobleme**, die die Menschen und die Zeit beschäftigen, **spielten in ihrem Betriebe keine Rolle** (S. 6). Freilich sei auch eine Fehlentwicklung des wirtschaftlichen Lebens festzustellen. „Hätten sich die

---

[1] Geschichtliche Orientierung und Kultur, Neue Zürcher Ztg. 1931, Nr. 609, 618.

[2] Briefliche Mitteilung an den Verfasser.

[3] Der logische Aufbau der Welt. Weltkreis-Verlag 1928.

[4] Naturerkennen und Logik, Naturwissenschaft 1930, 959.

[5] Vgl. weiter unten den Werdegang dieses hochgeistigen Philantropen.

[6] Herausgegeben als „Verfall und Wiederaufbau der Kultur". München 1923.

Verhältnisse so entwickelt, daß ein **bescheidener und bleibender Wohlstand immer weiteren Kreisen zuteil geworden** wäre, so hätte die Kultur davon größere Vorteile gehabt ...." (S. 10). Rein menschlich machen wir Rückschritte: „Die Affinität zum Nebenmenschen geht uns verloren. Damit sind wir **auf dem Wege zur Inhumanität.**" Die gegen Unbekannte auf jede Weise betonte Unnahbarkeit und Teilnahmslosigkeit wird gar nicht mehr als innere Rohheit empfunden, sondern gilt als **weltmännisches Verhalten** (S. 15). Die Kultur muß vor dem Geiste des Großstadtmenschen gerettet werden[1]. Eine Gesundung ist nur auf ethischer Grundlage möglich. **Alle Völker sind krank mit uns und können nur mit uns genesen** (S. 40).

Bedauernd stellt S c h w e i t z e r fest, daß **Gelehrte und Künstler, die als Denker gelten und sich als solche gebärden, in entscheidenden Augenblicken als bloße Schriftsteller und Akademiemitglieder vor uns stehen** (S. 49). Dennoch schließt er optimistisch und fordert als Grundlage einer Weltanschauung **Optimismus und ethische Gesinnung** (S. 58).

Es ist nur Recht, wenn eine so hochstehende Persönlichkeit der Anmaßung und dem Ästhetentum in Philosophie und Geisteswissenschaften den Spiegel vorhält. Allein neuerdings tauchen jenen Vorwürfen nicht unterworfene Kundgebungen auf, wie die Schrift: **Die geistige Situation der Zeit**[2] des Philosophen K. J a s p e r s, der in die unmittelbare Wirklichkeit geistig kraftvoll eingreift. Obschon nicht frei von der schweren Sprache seiner Zunft[3], fesselt er uns doch durch eine Fülle wahrer und tiefer Gedanken.

So, wenn er die Welt als unter der **Herrschaft des Apparates** stehend bezeichnet (S. 30) wobei sie in die Hände von **Menschen ohne Schicksal, ohne Rang, ja ohne eigentliche Menschlichkeit** geraten zu müssen scheint (S. 32). Statt das **Schaudern vor** Ehetrennung und **polygamer Erotik** zu steigern, wird alles erleichtert (S. 53). Mit der **Technisierung** ist ein Weg beschritten, der **weiter gegangen** werden muß. Ihn rückgängig zu machen, hieße das Dasein bis zur Unmöglichkeit erschweren. **Es hilft nicht zu schmähen,** sondern zu überwinden (S. 167). Und noch viele herzhafte Sprüche, von welchen eine Auswahl weiter unten angeführt wird.

Übrigens ist auch die Denkart S c h w e i t z e r s selbst wesentlich philosophisch wie sein Hauptwerk[4] bekundet, dessen Grundthese: die „**Ehrfurcht vor dem Leben**" (überhaupt) nur metaphysisch motivierbar ist. Die Gegnerschaft der jüngeren Physikergeneration deuten wir nur als Abwehrgeste gegen Überlastung ihrer weiß Gott mit abstrakter Mathematik schon genügend befrachteten Denkkraft.

Und so glauben wir aussprechen zu dürfen: es besteht ein

Bedürfnis nach physikalisch-jenseitiger Auseinandersetzung.

Sogar die Königin der „exakten" Wissenschaften, die Physik, muß es dulden, daß in den Reihen ihrer Kenner und Bewunderer ein unbezähmbarer Trieb, über die Grenzen der zahlenmäßig belegbaren Gebiete der Naturwissenschaft hinaus tieferen Zusammenhängen nachzusinnen sich Bahn bricht. Ein beachtenswertes Beispiel bietet die Stellungnahme General S m u t s vor der British Association[5]. Nach S m u t s hat die neue Physik im Atomgeschehen Gesetzlich-

---

[1] Es sei erlaubt einschaltungsweise für die Großstadt eine Lanze zu brechen: sie macht unabhängig, erlaubt Befreiung von engherziger Konvention und Cliqueneinfluß, die in der Provinzstadt auch den Starken erbarmungslos unterjochen.

[2] Verl. de Gruyter & Co. 1931.

[3] Beispiele (S. 24) „Ein Erdenken ... welches am Ende nicht weiß, was ist, sondern durch Wissen sucht, was sein kann", oder: (S. 147) „Denn ich bin nicht, was ich erkenne, und erkenne nicht, was ich bin."

[4] Kultur und Ethik. Bern 1923.

[5] Präsidialansprache des naturwissenschaftlich vorzüglich unterrichteten Generals an der Hundertjahrfeier der „British Association for the advancement of Science" (nach The Times v. 24. September 1931.)

keiten aufgedeckt, die durchaus an das von Driesch für die organische Keimentwicklung postulierte „Ganzheitsprinzip" anklingen. (Vgl. die Fermi- und die Bose-Statistik Abschn. III. 3. b und die These, daß das Ganze biologisch mehr ist als die Summe der Einzelteile Abschn. IV. 4.) Für Smuts ist dies der bedeutungsvolle Anfang zur **Ausfüllung der bis anhin bestandenen Kluft** zwischen der wissenschaftlichen Wesensauffassung der **toten und der lebendigen Materie.**

Dabei beherrsche ein gewaltiger Gegensatz die Entwicklung: die tote Materie ist der Degradation unterworfen (Energieentwertung d. h. Entropiezunahme; die Sterne zerstrahlen ihre Elektronen und schließlich ihre Substanz), während die **organische Welt** zu immer verwickelteren, **höherwertigen Stufen** fortschreitet. Wir brauchen uns nicht vereinsamt und verwaist inmitten einer eiskalt gegnerischen toten Masse zu fühlen, denn **die ganze Welt ist organisch**[1] und aus ihrem schöpferisch sich unendlich wandelnden Fluß tönt dem Geist das Echo einer zwar schlummernden aber verwandten Wesenheit (in Poesie, Musik, Kunst und Religion) entgegen.

Ein weiterer Kronzeuge für das ausgesprochene Bedürfnis nach metaphysischen Auseinandersetzungen bietet der große Astronom Eddington[2], der trotz des seiner Schrift vorgesetzten optimistischen Mottos aus Goethe („Die Nebel zerreißen . . . . Schon seh' ich das Land") dennoch mit von ihm selbst „mystisch" genannten Betrachtungen schließt.

Die neuen Anschauungen der Physik seien ebenfalls mystisch, und er schätzt es als Glück, daß man nicht mehr bloß das für Wirklichkeit halten dürfe, wovon **Ingenieure ein Modell anfertigen können** (S. 337). Während man früher einen Körper als eine Gruppe von festen Beobachtungsgrößen („Zeigerstellungen") betrachten konnte, ist er heute aufgelöst in ein Bündel von Wahrscheinlichkeiten". So ist die physikalische Welt **vollkommen abstrakt** geworden und das Bewußtsein[3] erhält dadurch für uns **eine fundamentale Bedeutung.** Vom physikalischen Standpunkt sei es undenkbar, daß der Willensentschluß zu einer Handlung von dem Vorgang in einem letzten **„Schlüsselatom"** abhängen könne. Es müsse in dem Teile des physikalischen Gehirns, der durch eine geistige Entscheidung beeinflußt wird, eine Art gegenseitiger Abhängigkeit der einzelnen Atome vorhanden sein, die sich in der anorganischen Materie nicht vorfindet (S. 308). Diese Thesen befinden sich also in anziehender Übereinstimmung mit den soeben zitierten Anschauungen v. Monakows, anderseits klingen sie an die Äußerungen Sommerfelds an, über die gegenseitige Verständigung der Atome in der Bose-Statistik.

Eddingtons metaphysische Ansicht über die Wechselwirkung von Geist und Körper gipfelt in der Feststellung, daß **die Gesamtheit des Bewußtseins mehr ist, als die Summe der möglichen Konfigurationen im physikalischen Hirn.**

Endlich sei hingewiesen auf ein Hauptproblem, it dem sich wohl jedermann — Gläubiger oder Freigeist — im Stillen befaßte die Frage, ob denn diese ganze Erdenentwicklung sinnvoll — oder sinnleer sei? („Was soll all der Schmerz und Lust?".) Soundso viele hochgesinnte, edelmütige Geister haben uns, „des Treibens müde", verlassen, im Nirwana die ersehnte letzte Ruhe zu suchen. Auch viele meiner klar- und scharfsichtigen Freunde schließen pessimistisch, da mit dem unfehlbaren Erkalten der Erde alles Leben und alle Kultur der Vernichtung anheimfallen müsse.

---

[1] Die neuesten Erfahrungen über die Geschlechtshormone (s. Schluß des Abschn. IV) können in der Tat die Annahme nahelegen, daß die Moleküle jener chemischen Verbindungen mit organischen Fähigkeiten ausgestattet, etwas wie „Monaden" sind.

[2] Das Weltbild der Physik. Vieweg 1931.

[3] Wohl als die dem Geist unmittelbar zugängliche philosophisch eigentliche Realität (der Verf.).

Dieser dunklen Gedankenwolke wird man eilig entgegenhalten, daß jener Augenblick noch unendlich ferne sei. Selbst der abstrakte Astronom Jeans gerät, ob der in jeder Hinsicht unendlichen Vervollkommnung in Ekstase, die der noch nutzbare Zeitraum dem Menschengeschlecht ermöglicht. Sich dieser Entwicklung in einer Anwandlung Schopenhauerschen Pessimismus vorzeitig entziehen zu wollen, wäre unverantwortbarer Verlust. Und wenn es endlich (in 50 Milliarden Jahren!) zu sterben gelten wird, so wird die Seelenhoheit eine Stufe erreicht haben, es mit Würde zu tun.

Allein der Gedanke, daß alles, aber auch alles was wir gedacht, gefühlt, erfunden, einmal weggeweht werden wird — spur- und wirkungslos „wie Lindenwipfelwehen" — ist trotzdem so furchtbar, daß auch ich mich mit jener Vertröstung nicht bescheiden kann. Nun ist es Tatsache, daß der zum Bewußtsein gelangte Geist im Organischen eine **Zweckentwicklung** sich abspielen sieht; ein Emporsteigen zu immer höheren Stufen ausdrücklich **des Geistigen** feststellt. Wir sehen wohl, wie die Geschöpfe der Erde der Reihe nach aufblühen und wieder verwelken — aber es hat ein Band, das die ganze Reihe zusammenhält: die Keimzelle. Sollte es etwa Keimzellen des Geistes geben, die vorläufig unsichtbar, unfaßbar, die metaphysische Brücke bilden von der auf einem Planeten absterbenden Menschheit zu derjenigen eines andern? Oder muß man im Sinne der „Panspermie" glauben, daß Lebens-Urkeime die Welt erfüllen und jeweil den Weg der Entwicklungs-Metamorphose von Anfang bis Ende immer von neuem durchmachen müssen? Neigen wir zur Annahme einer Weltseele, von der wir uns lösen um wieder mit ihr, unsere Gaben zuführend, zu verschmelzen? (s. E d d i n gt o n.) Jeder Versuch einer begrifflich konkreten Ausdeutung muß scheitern und doch ist zeitweiliges Versenken in diese Fragen nicht müßig oder unfruchtbar — es sind Gemütswerte darin enthalten, die bleiben, auch wenn wir mit dem sinnmäßig variierten Nietzschewort: „Die Welt ist unendlich tiefer als der Tag gedacht ..." vor den Abgründen des Mysteriums „Welt" Halt machen.

Die Selbstgewißheit und Freiheit des Geistes.

Nun muß der letzte Schritt getan werden zur Beantwortung der schweren Frage: was also ist die Summe all der zwiespältigen Theorien über **das Wesen des Menschen,** dieser unbegreiflichen Vereinigung eines hinfälligen Leibes und einer „unsterblichen" Seele, auf welche Freiheiten darf er Anspruch erheben? Wohnt in ihm ein nur temporär gezähmtes Raubtier; ist er eine psychoanalytisch erforschbare durch Triebe motorisierte Gefühls- und Denkmaschine oder ist er der Herr, so der Schöpfung, wie der eigenen Natur in fesselloser Freiheit des Geistes und der Tat?

In bezug auf die Frage der innern, d. h. der Willensfreiheit, die im Jugendalter oft schweren seelischen Druck zu erzeugen pflegt, scheint im Lichte der neuen Erkenntnisse in Physik und Biologie der Standpunkt der Nicht-Deterministen eine wesentliche Stärkung zu erhalten. Der Mathematiker-Philosoph Weyl hat bereits auf Grund der älteren Quantentheorie auf das Wanken des Kausalitätsgesetzes hingewiesen und überrascht uns in seinem Buch über die allgemeine Relativitätstheorie[1] mit kühnen Ausblicken; so etwa wenn er die Materie als ein jenseits des Feldes liegendes Agens bezeichnet, das „seinem inneren Wesen nach ebensowohl Leben und Wille, wie ‚Materie' sein mag".

Allein, dürfen die heutigen physikalischen Theorme überhaupt als so festgefügt angesehen werden, daß man mit Beruhigung weitausgreifende Folgerungen auf ihnen aufbauen kann? Hierüber sind bekanntlich die Meinungen der Fachkreise noch geteilt. Wir führten oben die gegenteilige Stellungnahme des großen Physikers Planck an, die er neuerdings[2] mit größter Bestimmtheit

---

[1] Raum — Zeit — Materie. 5. Aufl., S. 287.

[2] Positivismus und reale Außenwelt. Leipzig 1931, S. 28.

bestätigt hat. Nach einem Vortrag von Born (9. Januar 1931 in Zürich) steht auch Einstein abseits und namhafte andere Physiker schließen sich diesem Standpunkt an. Von dieser Seite wird als Ziel der Naturwissenschaft das Ausfindigmachen einer Theorie angesehen, die die Ereignisse unter dem Bilde einer strengen Kausalität wiedergibt. Wie aber soll dieser, für das Anorganische unbedingt sympathischen Forderung genügt werden können, seit wir die Heisenbergsche Ungenauigkeitsrelation als grundsätzliche Notwendigkeit anerkannt haben, für deren Umgehung heute schlechterdings keine Denkmöglichkeit vorzuliegen scheint. Dazu kommt das Streben der Biologie und Psychologie, sich von mechanistischen, also streng deterministischen Auffassungen zu befreien. Also schwerste bedrückende Widersprüche. Angesichts solcher Sachlage, die, wenn man genauer hinblickt, in großen Augenblicken der Wissenschaftsgeschichte immer wiederkehrt, führte mich stille Überlegung schon lange zu der entschlußvollen, anscheinend stolzen Überzeugung[1]: „Wir sind nicht gezwungen, dem Drucke vorzeitiger Folgerungen aus vergänglichen Formen der Naturgesetze (die biologischen einbegriffen) zu weichen. Es ist uns erlaubt zu lauschen den noch in keine Formel gebannten Tönen und Gesetzen, die aus den tiefsten Gründen des Seelenlebens in Gestaltungen künstlerischer und ethischer Art leise oder feurig emporrauschen."

So bewahre ich auch der neuesten Entwicklung gegenüber durch frühe Eigen- und Fremdbeobachtung gewonnene Ansichten, die den Erfahrungen eines Lebensalters und der geschilderten neuen Sachlage gegenüber Stand halten. Es sei erlaubt, sie in dieser Schrift, die eine vertraulich freie Aussprache mit Gesinnungsfreunden sein möchte, auseinanderzusetzen, wie einen Erlebnisniederschlag, dem man nicht entweichen kann, ohne ihn aufdrängen zu wollen. Dem Selbstbewußtsein ist nämlich die herrliche Gabe verliehen, die Geschehnisse im Bereich seiner selbst beobachten und sogar registrieren zu können. Benützen wir diese Gabe, so drängt sich mir — unabhängig von jeder, insbesondere physikalischen Theorie — die Feststellung auf, daß unsere Psyche „Charakter" besitzt, sich nach bestimmten Grundsätzen entscheidet, also einem Gesetz unterliegt. **Freiheit des Willens kann uns nicht Regellosigkeit (Entscheidungen ohne bestimmende Motive wären ja der Herrschaft des Zufalls ausgeliefert), sondern vielmehr nur das Bewußtsein bedeuten, daß keine äußere Macht imstande ist, uns an der Befolgung unseres eigenen Seelengesetzes durch noch so brutale Gewalt zu hindern.**

Gewiß können sich unsere Grundsätze ändern, d. h. **wir ändern sie,** wenn bessere Einsicht uns dazu führt; und unsere Geistesfreiheit besteht darin, als obersten Richter nur die eigene geistige Entscheidung anzuerkennen. Man kann also wohl auch von einer „freien Wahl" sprechen, darf aber nicht übersehen, daß unser Gewissen (einerlei ob gut oder böse) jene höhere Macht ist, die uns veranlaßt, jene Wahl zu treffen. **Der Held geht für seine Grundsätze in den Tod.** Doch tun die inneren Kämpfe die er besteht kund, daß auch seine Seele unter den Lockungen oder Drohungen der Gegenmächte dem Erliegen oft nahe gewesen ist[2]. Willens-

---

[1] Dampf- und Gasturbinen. 6. Aufl., S. 1104, letzte Zeilen.

[2] Lesenswert in dieser Hinsicht ist, auch mit Rücksicht auf eine unerhört lebendige Darstellung der Zeitverhältnisse, die „Todesgeschichte des Johannes Hus und des Hieronymus von Prag", Sendbriefe des Poggius Florentinus. C. Hirsch A.-G., Konstanz.

freiheit ist im wesentlichen der Protest gegen beabsichtigte Willensunterjochung, ist **Selbstbehauptung dessen, was wir als Uranlage unseres Wesens empfinden und werten.** Damit wird die ungeheuer bedeutungsvolle Tatsache ausgesprochen, daß diese Anlage wie jede andere entwicklungsfähig ist, und daß sie — unbeschadet mannigfaltigster persönlicher Eigentümlichkeiten — einen Grundstock allgemeiner Züge aufweisen muß, die eine Gemeinschaft als solche kennzeichnen. Ins Biologische übersetzt, würde man sie als in der „Erbmasse" einbegriffen zu verstehen haben, wenn man unter „Masse" nicht den rohen Vorstellungskomplex der alten „Materie" meint, sondern sich eingedenk bleibt, daß man über undurchdringlichen Tiefen wandelt.

Wohin sinkt aber die Würde des in der Überschrift hervorgehobenen stolzen Begriffes der Selbstgewißheit des Geistes, der auch den wesentlichen Inhalt unserer (gesperrt gedruckten) programmatischen Zusammenfassung bildet, wenn wir so den „freien" Willen an eine „Anlage" und an auftauchende herrische Motive ausliefern? Wer die Wirklichkeit umfassend prüft, wird bald gewahr, daß sie, wie wir gleich zeigen, keineswegs zu fahlem Pessimismus zwingt. Gruppieren wir zunächst die Gegebenheiten auf der Schattenseite. Die bestimmende Wirkung der Anlage etwa beim degenerierten Alkoholiker, dem Gewohnheitsverbrecher, sehr vielen in der Psychoanalyse Schutz suchenden wird wohl niemand leugnen. Und wer hat nicht die Macht der Motive im Zustand sinnbetäubender Aufregung (im Schweizerischen treffend „Täube" statt „Wut") einmal an sich erlebt. wenn er sich „gegen den eigenen Willen" vom unbeherrschten Augenblick hinreißen ließ, oder die letzten Spuren spenglerischer Raubtiernatur sich aufbäumen spürte. Dem menschlichen Verbrechertum gegenüber bleibt ein Trost daß die Mehrheit der Fälle auf eine krankhafte Veränderung des Zentralnervensystems zurückführbar ist, da bekanntlich den Großteil der Verbrecher die Nachkommen von Alkoholikern bilden. Aus dieser Erkenntnis floß die Duldsamkeit moderner Psychiatrie und modernen Strafrechtes, die das Auflodern der Haßinstinkte oder der Rachsucht („Aug' um Aug', Zahn um Zahn") niederhalten. Man muß es schon zur großen Wandlung seelischer Entwicklung rechnen, wenn gewissermaßen mit dem „Bruder-Wolf"-Gruß des heiligen Franziskus sogar bei Totschlag bedingter Straferlaß ausgesprochen wird. Haben hierbei auch Zweckmäßigkeitsgründe mitgewirkt (Steigerung statt Abnahme der Verderbnis in Strafanstalten), so ist die Maßnahme doch wesentlich aus der Anerkennung des ehern wirkenden Verhängnisses, der Gebundenheit aller Kreatur, einschließlich des Menschen, entsprungen.

Dies ist der Anblick des Tatbestandes von außen, der uns die uralte Pflicht der seelischen „misericordia" auferlegt. Wie aber stellt sich die **Sachlage** dar **von Innen?** Da ist vor allem die fundamentale Tatsache festzustellen, daß zu jenen „Anlagen" und „Gebundenheiten" auch die gehört, daß unsere Seele sich sanft oder stürmisch von den sich ihr allmählich offenbarenden höheren Stufen reiner Menschlichkeit angezogen fühlt. Wir sind nie „fertig" sondern in stetem Wachstum begriffen; wir „lernen" bis ans Lebensende. Wir begnügen uns mit der vorgefundenen Anlage nicht, denn die **Seele ist befähigt, Gestalter ihres inneren Schicksals** zu sein; wir haben die Kraft unsere Leidenschaften zu meistern oder doch zu mildern („sublimieren"). Im Gegensatz zum „Automaten" der nur einige wenige „Stücke zu spielen" vermag, ist im Seelenbezirk (materialistisch durch den nach Milliarden zählenden Zellen-Überfluß im Gehirn veranschaulicht) ein unbegrenzter, unerschöpflicher Reichtum an Entwicklungsmöglichkeiten vorhanden. Und es hat einen besonderen Reiz, nochmals auf die biologische Evolution zurückzukommen, um das Werden dieses Reichtums besser zu verstehen. Ein günstiges Beispiel hierfür bietet

die Treue,

die zu den wunderbarsten und unbegreiflichsten „Anlagen" der Seele gehört. Die geschichtlichen Zeugnisse über die Treue der Germanen aus einer Zeit, wo von sittlichem Denken noch überhaupt nicht gesprochen werden kann, müssen den Unvoreingenommenen tief ergreifen. Zugleich aber drängt sich die Wahrnehmung auf, daß diese edle Tugend nicht nur dem Menschen, sondern in hervorragendem Maße unseren Haustieren, insbesondere dem liebsten unter ihnen, dem Hunde, eignet. Woher kommt die Treue des Hundes?

Indem ich diese Frage an den verehrten Lehrer meiner Jugend stellte, der so helle Begeisterung aus unseren jungen Herzen zu schlagen verstanden hatte, erlebte ich die schwerste Niederlage des Intellektes. Seine Beweisführung war: Die Treue des Hundes kommt aus dem Profit, den er als wildes Tier beim Herumschleichen um die Behausungen des Urmenschen im Erwischen des weggeworfenen Knochens u. a. einheimste. Und ich gestehe, daß mich diese Deutung zunächst ganz gefangen nahm, denn es wäre ja ein gewinnender Gedanke, aus dem Egoismus sich das Gegenteil — die Hingabe bis zur Aufopferung — entwickeln zu sehen. Aber diese Theorie ist falsch, wie wir erkennen, wenn wir Menschen und uns selbst beobachten, insbesondere auch die dichterische Intuition heranziehen. Nie kommt die große Wendung in einem Seelendrama aus der Metamorphose des Bösen ins Gute, sondern aus dem Durchbruch eines bis dahin verborgen gebliebenen Keimes der Güte oder des Edelmutes. So auch im Falle des Hundes: der Raubinstinkt bestand und besteht auch heute; aber in den Tiefen der Seelengeheimnisse waren schon beim Hunde die Keime der Dankbarkeit für genossene Wohltaten und der Treue zu deren Spender enthalten, die emporsproßten, nachdem das Raubtier durch die Notdurft des Lebens nicht mehr gezwungen war, seinen Instinkt zu betätigen, dieser vielmehr durch Nichtgebrauch abgeschwächt, die Umwandlung des wilden Tieres zum zahmen Haustier ermöglichte. Diese einleuchtende Klärung bestätigt abermals unsern Standpunkt der Spenglerschen Lehre und der Psychoanalyse gegenüber.

So blühten allmählich auch andere Keime im Tiere und im Urmenschen auf, und es führte aus den Niederungen des Werdeganges eine ununterbrochene Kette von Seelenstufen in immer höhere Bezirke. Im schlichten naturverflochtenen Wirken der Ackerbauer-Bevölkerungen der ältesten Epochen, später im sinngeweckten Handwerker und seit Urgedenken in der stillen Hingabe von Millionen sorgender Mütter kamen „Anlagen" zur Geltung, die zu den **tiefsten und beglückendsten Gewißheiten** des Daseins gehören.

In welch unbeschreiblich lichtvolle Gefilde blicken wir endlich, wenn Inhalt und Richtung der Gebundenheit auf die höchsten Seelenangelegenheiten hinzielen. Nur ein Dichter wie Goethe konnte die Seligkeit schildern, die den Geist durchglüht, der, vom Edlen hingerissen, zu dessen klarem Bewußtwerden durchgedrungen ist. Wiederholen wir den zauberhaften Spruch:

> „In unseres Busens Reine wogt ein Streben
> Sich einem Höhern, Reinern, Unbekannten
> Aus Dankbarkeit freiwillig hinzugeben,
> Enträtselnd sich den ewig Ungenannten . . ."

Aus Dankbarkeit, wofür? frägt der Seelen- und Gemütsblinde, während der
schon Sehende willig in den mächtigen Geistesstrom taucht, den er als seines
Wesens Element erkennt, bis hinauf zur heldenhaften Hinopferung, wo mit dem
Lutherischen Wort „Ich-kann-nicht-anders" bekundet wird, daß es sich um letztes
Entscheiden zugleich um letzte Genugtuung handelt. Neben solcher nach außen
heroischen Haltung gibt es eine nach Innen gekehrte, die uns der vornehme
Philosoph wie folgt nahelegt[1]: „Das mögliche Heldentum des Menschen ist heute
Tätigkeit ohne Glanz, ein Bewirken ohne Ruhm". Der dazu führende Weg
geht freilich durch das „Wagnis der Isolierung". Zu dieser stillen Größe sind
offenbar niemandem die Türen verschlossen.

Und so wird es uns nun nicht mehr als ein Furchtbares erscheinen, wenn wir,
das Hohe und das Niedrige objektiv zusammenfassend, anerkennen, daß im
erlösenden Willensentschluß bei großen Fragen ein Kampf ausgetragen wurde
zwischen der Dämmerung des Bösen und dem Licht des Guten, dem der Sieg
zugefallen ist, jener Kampf, den die uralte Religion des Zoroaster im Bilde der
grimmen Fehde zwischen Ormuzd und Ahriman gewaltig eindrucksvoll personi-
fiziert. Wohl bleibt es ein furchtbarer Gedanke, das Böse als zum Wesen des
Weltplanes angehörend aufzufassen. Ihm zu entrinnen, geraten wir in Abgründe
von Dunkelheiten. Denn man kann wohl die Absicht eines Bösen im anorganischen
Zwangsgeschehen der Naturkatastrophen ausschließen; aber wie stellen wir uns
zum gesunden Raubtier? Dürfen wir dessen Vorkommen im Menschtum voraussetzen oder leugnen? Tritt nicht, „was uns alle bändigt", oft in mit wahrer
Wucht auf — „das Gemeine"? Hat Nietzsche ganz Unrecht, sich mit den
Worten: „Ich ersticke an seinem unreinen Odem" vom Menschen der Gegenwart
abzuwenden?

Aber die Summe der Lebenserfahrung eines nicht durch Schicksals-Mißgunst
verbitterten Gemütes zeigt, daß wir auf dem Wege zur Abstreifung letzter Reste
tierischer Gebundenheit verheißungsvoll vorwärtsschreiten. Geschichtlich zeigt
sich dies nicht nur im seit bloß etwa 30000 Jahren erzielten angeheuren Fortschritt vom Höhlenbewohner zum Menschen der Gegenwart, sondern, selbst im
Vergleich mit der glänzenden Kulturepoche der Griechen beispielsweise in der Ab-
schwörung des Rachestandpunktes dem Verbrecher gegenüber, in den Pesta-
lozzischen Erziehungsgrundsätzen, im Auftauchen der Gemeinschaftsidee,
in der Vollendung der sinfonischen Musik u. a. Gewaltig ist auch die **Tatsache,
daß in einem dunklen Winkel selbst der zerrütteten Verbrecherseele geheime
Sehnsucht nach dem Guten lebt,** daß also Klänge höchster Harmonie in die un-
tersten Schlammschichten des Menschentums durchdringen.

Obschon der Nachkomme gesunder Eltern von vornhinein die Gewißheit hat
Gefahren der Degeneration nicht ausgesetzt zu sein, könnte es doch auf die Tatkraft auch des gesunden Jünglings lähmend wirken, wenn er sich als der Gewalt
einer „Uranlage" ausgeliefert fühlen soll, für die er keine Verantwortung trägt,
in einer Existenz, die nicht er herbeigesehnt hat. Möge ihn der unergründliche
Reichtum der Seelengaben trösten, die — lange verborgen bleibend — langsam
in Erscheinung treten können und **eine Geistessituation nie als „hoffnungslos"
anzusehen erlauben.** Dies wird auf der Grundlage des Glaubens an ein letzten

---

[1] **Jaspers, K.:** Die geistige Situation der Zeit. Leipzig 1931, S. 157.

Endes doch streng kausales Geschehen, also vom physikalischen Standpunkt, in tiefst wohltuender Art von keinem Geringeren als Planck[1] dargelegt, dessen ruhe- und hoheitsvollen Auseinandersetzungen geradezu ästhetischen Genuß bereiten. Wesentlich ist, daß infolge des ebenfalls zu den Uranlagen gehörenden Strebens zum Guten und den wissenschaftlich erforschten Möglichkeiten, unsere Psyche zu beeinflussen, **für die praktische Lebensführung** die Sachlage dieselbe bleibt, **ob wir an einen „freien" Willen glauben oder nicht.**

Mancher Jüngling, den Begabung oder der Kult des „grün-goldenen Baumes" des Lebens nicht zweifelsfest gemacht hat, leidet unter depressiven Zuständen infolge übertriebener Vorstellungen über Leistungen und ethische Kulturhöhe, zu den er sich verpflichtet glaubt. Vom Elternhause angefangen bis hinauf in die Hallen der Hochschulen wird überwiegend für jedermann die absolute Vollendung als das „Ideal" hingestellt, unter Betäubung der inneren Stimme, die dem Eiferer sagen müßte: **du gehst zu weit!** So darf ein erfahrener Seelenarzt[2] erklären, daß ihn Selbst- und Sprechstunden-Erfahrung bestimmen, **den wesentlichen Teil der auf den akademischen Lehrstühlen gelehrten Wahrheiten für ungesund zu erklären.** Die asketische Form der Vergeistigung sei zu ehren als Forderung eines Menschen an sich, aber abzulehnen als Forderung an einen andern. Die Riesen der geistigen und sittlichen Welt als Lebens-Vorbilder hinzustellen, sei die **Forderung einer regelmäßig unvollziehbaren Lebensform.**

Der Eindringlichkeit dieser Sätze merkt man ihre Herkunft aus echter Lebenserfahrung an. Jedem von uns ist eine solche mittlere, nach oben begrenzte Stellung auf der Skala der Begabungen angewiesen, deren allmähliche Erkenntnis wir mit Tapferkeit hinzunehmen haben. Auch die Tendenz dieser Schrift befürwortet Milde der Anforderungen anderen als uns selbst gegenüber von der Erfahrung ausgehend, daß gerechte aber milde, d. h. gütige Behandlung in Erziehung und Strafe zu den verborgenen Quellen guten Willens im Menschen viel sicherer durchdringt, als verbohrte Strenge. Wie treffend sagt doch Nietzsche: **„Güte macht mich fruchtbar, dies ist mein Dank und der einzige Beweis dafür, was gut ist**[3]**."** Die Milde schließt aber die Feststellung nicht aus, daß aus der verehrenden Anerkennung der „Ideale" eine **richtende Kraft** resultiert, die auf den im Geiste Armen ebenso **belebend einwirkt,** wie auf den Hochbegnadeten.

Wie deutsche Philosophie sich mit unerbittlich strenger Zergliederung der Grundbegriffe zum Problem der Willensfreiheit stellt, lese man in der, philosophische Tiefe mit höchster Klarheit vereinigenden meisterlichen Studie von Medicus[4] nach, der schon in der Aufschrift seines Werkes an die Grenzen der Freiheit erinnert und damit seinen vermittelnden Standpunkt bekundet. Die neuere Ausgestaltung der Physik würde Medicus Gelegenheit bieten, den Teil seiner Ausführungen, die sich an Weylsche Anregungen anschließen, mächtig auszubauen.

---

[1] Positivismus und reale Außenwelt. S. 29 ff.

[2] v. Weizsäcker: a. a. O. S. 74 u. 78.

[3] Die Güte muß stets mit Klugheit gepaart sein, um nicht mißbraucht zu werden. Den schwersten Stand hat sie der Brutalität gegenüber, die das eigentlich zu bekämpfende im menschlichen Wesen darstellt und sich so leicht der Über-Robustheit zugesellt. Der im Sport wirkende Anreiz zu athletischer Ausbildung (hygienisch irrelevanter Muskelzüchtung) ist daher schon ein wenig mit der Gefahr der Verrohung verbunden. Nicht minder schwer ist es, Güte denjenigen entgegenzubringen, von denen Nietzsche sagt: Ach, ich wurde des Geistes müde als ich fand, daß auch Gesindel geistreich sein kann.

[4] Die Freiheit des Willens und ihre Grenzen. Tübingen 1926.

Eine dem hier vertretenen Standpunkt wesentlich verwandte Darstellung finden wir in der, den Naturwissenschaften auch anderweitig sympatisch zugewendeten Philosophie von E. Becher[1]. Seine feine Zergliederung der begrifflichen Unhaltbarkeit des Undeterminismus könnte mit Rücksicht auf die neue Physik durch die Frage ergänzt werden, ob die Willensentschlüsse aus gegebener Anfangssituation etwa so streuen müßten, wie der Ort des den Quantenkräften unterworfenen Elektrons am auffangenden Schirm streut.

Und doch gibt es eine Brücke zu Freiheit in besonderem Sinn, die nicht die Willkür betont, sondern eine tiefe Hingabe, einen Sinn, den deutsche Philosophie sich seit Jahrhunderten zu eigen gemacht hat, wie nun erläutert werden soll.

Das unerfüllte Liebesvermächtnis.

Der Philosoph Medicus vollzieht im Schlußwort seiner angeführten Studie die Überbrückung zweier scheinbar weit abgelegenen Gebiete: der Willensfreiheit und der allmächtigen Liebe. Da steht jenes Wort (a. a. O. S. 114), das uns mächtig wie ein durch den Riß eines verdunkelnden Vorhanges dringender Lichtstrahl überfällt, das herrliche Wort: „Die Grenze unserer sittlichen Freiheit ist: nicht lieben zu können, nicht genug lieben zu können." Verständnislose Ablehnung spiegelte sich im Blick der Gebildeten, aber noch nicht zum Durchbruch über den grauen Alltag bürgerlicher Konvention Vorgedrungenen, denen ich diesen Satz vorlas[2]. Wie tief hast Du, freundlicher Philosoph, in unser Inneres geblickt. Dieses Feuer der Güte, mit dem jeder Fühlende die Menschheit umfassen sollte, wie sehr ist es in Gefahr, zu verlöschen, sowohl in Zeiten üppiger Prosperität („Blüte der Technik") wie nach großen Heimsuchungen und Notständen (Nachkriegszeit). Aber stillernste Auseinandersetzungen, wie diese Betrachtung, haben, für eine Stunde, ein Recht durch das Tosen des Welträderwerkes nicht getrübt zu werden. „Weil die Menge gleich verhöhnet", erliegen wir so leicht der Scheu, von jener Kraft zu reden, die einzig unwiderstehliche Macht besäße, die Welt zu erlösen. Und doch ist die Gegenwart Zeuge ihres Durchbruches in einer Gestalt, um deren Haupt die Nachwelt den verdienten Lichtschein zu weben haben wird. Wir meinen Albert Schweitzer, der uns das Werden seines menschlichen Heldentums mit inniger Schlichtheit jüngst erzählt hat[3].

Er schildert seine überaus glückliche Jugend und fährt (S. 70) fort: „Es kam mir unfaßlich vor, daß ich, wo ich so viele Menschen um mich mit Leid und Sorge ringen sah, ein glücklicheres Leben führen durfte. ... An einem strahlenden Sommermorgen überfiel mich der Gedanke, daß ich dieses Glück nicht als etwas Selbstverständliches hinnehmen dürfe, sondern etwas dafür geben müsse..... Während draußen die Vögel sangen, wurde ich mit mir selber dahin eins, daß ich mich bis zu meinem dreißigsten Lebensjahr für berechtigt halten wollte

---

[1] Geisteswissenschaften und Naturwissenschaften. Denkler & Humblot 1921, S. 269, 274.

[2] Nietzsche spricht: Warum haben wir nach gewöhnlichen Gesellschaften Gewissensbisse? Weil wir wichtige Dinge leicht genommen haben, weil wir bei Besprechung von Personen nicht mit voller Treue gesprochen haben, weil wir geschwiegen haben, wo wir reden sollten, ... kurz, weil wir uns in Gesellschaft benahmen als ob wir zu ihr gehörten. Denkt man bei diesen Worten nicht unwillkürlich an die bunt schillernde Mischung von Anmut und Medisance, Zartheit und Abwehr wahren Gefühles, Liebenswürdigkeit im Kleinen und Herzenshärte im Großen, die das duftumhüllte Gebilde der „Salondame" ausmacht?

[3] Aus meinem Leben und Denken. P. Haupt, Bern 1931. Schweitzer ist Pfarrerssohn, geboren 1875 zu Kaysersberg in Oberelsaß.

der Wissenschaft und der Kunst zu leben, um mich von da an **einem unmittelbaren menschlichen Dienen zu weihen.**" „Arzt wollte ich werden, um ohne Reden wirken zu können[1].'

Und so vollzog sich im Zeitalter der Maschine, der Relativität und des entarteten Genußlebens das Seelenwunder, daß ein protestantischer Theologe unter Verzicht auf glänzende wissenschaftliche ja künstlerische Laufbahn, aus reiner Menschenliebe, sein Leben dem Dienste am Menschen widmet. Er ist überzeugt, daß gleiches Streben eine viel größere Zahl von Menschen als man meint erfüllt, aber verborgen bleibt, „wie die Wasser der sichtbaren Ströme wenig sind im Vergleich zu denen, die unterirdisch dahinfluten. Das „Unentbundene zu entbinden, die Wasser der Tiefe an die Oberfläche leiten" sei die Aufgabe. Eine herrliche Botschaft an die Millionen zu religiösen Gemeinschaften zusammengeschlossener Gläubigen, die beteuern, Erben des großen Liebesvermächtnisses ihres erhabenen Stifters zu sein. Aber zwischen Absicht und Ausführung schleicht sich Allzumenschliches ein. Die religiösen Glaubensgemeinschaften sind in ein Wirrwarr geschichtlich angehäufter, überlebter Formeln, Kultäußerlichkeiten, hohler Zeremonien, geraten. Innig muß der Menschenfreund wünschen, daß sie sich zur Freiheit emporkämpfen möchten, um zu retten, was an den ewigen Gütern des Christentums und anderer Religionen in Gefahr ist, verloren zu gehen[2]. Hierzu ist Aufgabe des Widerstandes gegen feststehende Tatsachen der wissenschaftlichen Forschung Vorbedingung; die Zweifelsfragen über den Urgrund und das Werden der Welt können nicht mehr mit der Keilschrift „heiliger Schriften" erledigt werden. Der Katholizismus hat in dieser Hinsicht ungeheure Schwierigkeiten zu überwinden, und man möchte an der Möglichkeit verzweifeln, daß er je bereit würde, aus seiner Starrheit herauszutreten. Der **Protestantismus** hingegen ist seinem Wesen nach berufen, in **freisinniger Fortentwicklung die Harmonie des Geistes wiederherzustellen.** Erfreuliche Ansätze hierzu sind vorhanden, sowohl bei von der Theologie kommenden Religionsphilosophen, wie Tillich, als auch in der — reiner Naturwissenschaft entsprossenen — Lebensphilosophie von Driesch. Treffend sagt der Philosoph Medicus: Bei der Annäherung an den Gipfel des Denkens: das Göttliche, handelt es sich um so Ungeheures, daß nur noch symbolische Ausdrucksweise zulässig ist. Tillich setzt in innerlichster Weise diese These auseinander. Wie eine prophetische Beschwörung tönt es da der unduldsamen und zugleich betrüblich einfältigen Herde der Orthodoxen entgegen: Ihr sollt euch keine Bilder von der Gottheit machen.

Man muß von primitiven Darstellungen, die vor Tausenden von Jahren dem Geisteshorizont der Menschheit angepaßt waren, insbesondere auch abkommen, um die Kluft zwischen der Masse und den Gebildeten zu überbrücken, welche letztere sich mit der Ironisierung der Symbole auch jeder metaphysischen Tiefe, im wesentlichen allen sittlichen Ernstes begeben. Der Gedanke, daß bei der Selbst-

---

[1] Warum Schweitzer schließlich, nach wohlweiser Prüfung und Überlegung das gesundheitliche und finanzielle Wagnis unternahm Afrika als Wirkungsfeld zu wählen, ist ein besonders anziehendes Kapitel seiner Schrift.

[2] Man vergleiche hiermit die Aussprüche Th. Spoerris in seiner tiefreligiösen Studie: Die Götter des Abendlandes. Furche-Verlag Berlin. S. 88: Die Kirche ist solange an der Welt vorbeigegangen, bis sie plötzlich anfing mit Schrecken zu erleben, daß die Welt an ihr vorbeiging.

zerfleischung in den Reichen der Tierwelt und der Menschheit sowie bei Zufalls-
gräßlichkeiten ein allgütiges und zugleich allmächtiges Wesen nach wohlweisem,
aber „unerforschlichem" Ratschluß die Gräuel geduldet oder gar angeordnet
habe, ist eine der vielen Ungeheuerlichkeiten im Glaubensbekenntnis sogar protestantischer Konfessionen. Mit solch primitiven Ungereimtheiten müssen allerdings auch teure, von unendlicher Poesie verklärte Bilder fallen gelassen werden.
Wer ein geliebtes Kind verloren, das aus der Welt schied, weil es hinieden nicht
glücklich zu werden vermochte, fühlt den brennenden Schmerz der überwältigenden Sehnsucht nach einem Wiedersehen. Mit übermenschlicher Kraft klammert
sich der gebrochene Vater an die Möglichkeit, zu glauben, daß nach dem Ausspruch eines in ähnlicher Lage trauernden einfachen Gemütes, der ungerecht be-
handelten Seele im Jenseits die hienieden versagt gebliebenen Entwicklungsmöglichkeiten geboten werden möchten. Solch schwerer Verlust stimmt die Seele
überaus empfänglich für die Tröstungen einer Jenseits-Poesie — aber die Wucht
des naturwissenschaftlichen Denkens verunmöglicht den letzten sich beugend
unterwerfenden Schritt nur des Trostes halber.

Aber hören wir, abgesehen von hochgesinnten Theologen aller Lager, auch
Stimmen aus unserem d. h. dem naturwissenschaftlichen Kreis, die abweichende
Standpunkte einnehmen.

Der edelmenschliche biologische Philosoph Driesch spricht[1]:

Als körperlich ist das Einzelwesen krank, böse, irrend. Alles Lebendige leidet und wünscht
Erlösung. Es weiß sich eingebettet in ein **überpersönliches Ganzheitswerden.** Der Tod möchte
vielleicht das Leiden endigen, indem er die Verbindung mit dem Stoffhaften löst.

Wissen[2] ist Urbeziehung im Wirklichen; also ist Wissen unvergänglich. **Also besteht
Wissen nach dem Tode fort** und Ganzheit darf auch als unvernichtbar gelten[3].

Und hören wir den bedeutenden Physiker-Astronom Eddington[4]:

Der Geist des reinen Mathematikers schafft Gebilde die von jeder physikalischen Erfahrung unabhängig als Wahrheiten anerkannt werden. Also müssen wir mit **etwas rechnen,
was unmöglich innerhalb der physikalischen Welt aufgezeigt werden kann** (S. 340). Wenn
wir uns durch ein unbezwingbares inneres Gefühl felsenfest berechtigt glauben, gewissen Empfindungen und Vorstellungen im Bewußtsein eine „reale" physikalische Welt
zuzuordnen, ist nicht abzusehen, warum wir nicht **ebenso berechtigt** wären einem andern
Drange unseres Wesens **eine geistige Welt zuzuweisen** (S. 325). In der mystischen Ein-
wirkung der Natur auf unser Wesen, der sich kein Fühlender entziehen kann, muß etwas
von wahren Beziehungen der Welt zu uns dringen (S. 314). Nur der graue Alltag hat uns
verhindert, **der Weltseele als Seele unmittelbar gegenüber zu treten** (S. 330).

„Die Idee eines allgemeinen Geistes oder Logos bildet eine einleuchtende Schlußfolgerung
aus dem gegenwärtigen Stande der Physik" (S. 331).

---

[1] Wirklichkeitslehre 1917 (dem Sinne nach zitiert, Unterstreichungen vom Verfasser).

[2] Bewußtsein, Empfindung? Der indische Forscher Bose (der gleiche vom dem die
Einstein-Bose-Gasstatistik stammt) hat an Pflanzen (bes. an Mimosa) bei mechanischen,
elektrischen, chemischen Eingriffen und Reizungen Bewegungsreaktionen genau gleicher Art
festgestellt, wie sie bei Tieren durch das Nervensystem vermittelt werden. So insbesondere
Vergiftungs-Todeszuckungen und Tötung durch Elektrizität. (Nach Prof. Schiller in Woch.-
Ausg. d. N. Wiener Journals 31. Okt. 1931.) Vielleicht werden wir die These von der Gefühls-,
also Bewußtlosigkeit der Pflanze aufgeben müssen.

[3] Prachtvoll selbstbewußt ist auch der Ausspruch von Jaspers (a. a. O. S. 191), daß
es der inneren unbegründbaren Würde des Menschen widersteht, er sterbe, als ob er nichts
gewesen wäre.

[4] Das Weltbild der Physik. Vieweg 1931. Die im Text beigefügten Seitenzahlen beziehen
sich hierauf, doch zitieren wir nur dem Sinne nach.

Aber hier setzt der kritische Intellekt gleich wieder mit der Zweifelsfrage ein: wird der gegenwärtige Stand der Physik auch Bestand haben? Wir haben ja angeführt, daß viele der Besten diesen Stand nur für eine Durchgangspforte zu neuen strengen Gesetzen ansehen. Und so wird es nochmals klar, daß mit intellektualistischen „Schlußfolgerungen" nichts auszurichten ist. Wir müssen andere Wege suchen, die Sehnsucht der Seele zu stillen. Und e s g i b t Wege zu echtem

Aufschwung.

Wenn man[1] uns mystisch Denkenden wohlmeinend vorwirft, daß wir durch fortschreitende „Entwicklung" den persönlichen Gott schließlich in eine „atmosphärische Schicksalsmaschine" verwandeln, und doch nur mühsam den „Untergrund der Verzweiflung" überdecken, die uns ergreift, so antworten wir nein, — es ist keine Verzweiflung aber auch kein permanentes Frohlocken in einer Welt, die von soviel tragischen Schatten verdunkelt wird. Es gibt auch für uns echten Aufschwung jenseits allen Wissenszweifels, wenn wir in großen Augenblicken das Göttliche selbst erleben, statt es aus Berichten („Offenbarungen") anderer über ihre Erlebnisse zu schöpfen.

Die Quellen solchen Aufschwunges sind vor allem die Natur selbst in ihrem tausendfältigen Wirken und Weben, im Brausen der Meere, im Sturm des Gebirges bis zum leisen Summen der Bienen auf dem kleinsten Fleck der blumigen Wiesen. Spricht nicht der größte der Dichter:

> Vom Gebirg zum Gebirg
> schwebet der ewige Geist
> ewigen Lebens ahndevoll ...

Oder M ö r i c k e , der Dichter der Innigkeit[2], wenn er schildert, wie die Nacht der Dämmerung „schwer entgegenarbeitet",

> „Indessen dort in blauer Luft gezogen
> die Fäden leicht, kaum hörbar fließen
> und hin und wieder mit gestähltem Bogen
> die lust'gen Sterne goldne Pfeile schießen.
>
> Wie süß der Nachtwind nun die Wiese streift
> und klingend jetzt den jungen Hain durchläuft!
> Da noch der freche Tag verstummt,
> hört man der Erdenkräfte flüsterndes Gedränge
> das aufwärts in die zärtlichen Gesänge
> der reingestimmten Lüfte summt.
>
> . . . .
> Dazwischen hört man weiche Töne gehen
> von sel'gen Elfen, die im blauen Saal
> zum Sphärenklang

---

[1] Spoerry: a. a. O. S. 35.

[2] Aus dem Orplid-Zwischenspiel in „Maler Nolten". Um das Versenken in die herrliche Stimmungsflut nicht zu unterbrechen, sind die Namen der sprechenden Personen: der König und Thereile, unterdrückt.

und fleißig mit Gesang
silberne Spindeln hin und wieder drehen.

O holde Nacht, du gehst mit leisem Tritt
auf schwarzem Samt, der nur am Tage grünet,
. . . .
du schwärmst, es schwärmt der Schöpfung Seele mit!

Im Schoß der Erd', im Hain und auf der Flur,
wie wühlt es jetzo rings in der Natur
von nimmersatter Kräfte Gärung!
Und welche Ruhe doch, und welch ein Wohlbedacht!

Endlich der Sänger, der vor Tausenden von Jahren in die Harfe griff:

Die Himmel erzählen die Ehre Gottes und die Feste verkünden seiner Hände Werk. Ein Tag sagt's dem andern, und eine Nacht tut's kund der andern.

Und unbeschreibliche Erhabenheit umfängt uns, wenn wir uns in

Fernen der Sternenwelt

versenken, die für Kant in die bekannte herrliche Verbindung mit dem Gefühl des Sittengesetzes eingingen. Menschengeist darf sich heute kühn an die Entschleierung dieser Mysterien heranwagen, ohne daß die Größe des Gesamteindruckes zerbröckelte. Dabei ist von höchstem Interesse, daß die erkannten Gesetzmäßigkeiten zwar zu einigermaßen bestimmten Vorstellungen über den Ablauf des Weltprozesses zu führen scheinen, daß aber die

gewaltige Frage nach dem Anfang

in undurchdringliches Dunkel gehüllt bleibt. Nur der graue Alltag kann uns gegen die aus solchen Tatsachen emporsteigenden metaphysischen Tiefenschauer abstumpfen[1].

Dann aber eröffnen uns den unmittelbarsten Zugang zum Göttlichen die **Kunst** und die **Dichtung**, soweit sie nicht, wie die der Gegenwart, teils entartet, teils noch auf der Suche nach neuen Ausdrucksmitteln sind. Die herrlichen Schöpfungen der großen Epochen erscheinen uns wie leuchtende Boten einer höheren, niegeschauten Welt, die uns „suchen im Staube". Das Geheimnisvollste birgt die Musik, weil sie das unaussprechbare, aus tiefsten Untergründen emporsteigende Sehnen und Ringen der Seelenkräfte zum Ausdruck bringt. Sehr vieles wäre zum Preise dieser hohen Muse anzuführen, die zarteste Milde mit kraftvoller Entschiedenheit vereint und unserem Herzen in jauchzender Freude oder in herbstem Schmerz treuester Interpret bleibt. Im schlichtesten Tonstück kann, wie in einem Feldblümchen unnennbare Poesie zu uns sprechen[2]. Aber den Vollausdruck des Göttlichen erreicht Musik in der Verbindung mit einem hohen geistigen Inhalt, wie uns ihr größter unsterblichster Meister, Beethoven, in Werken wie die Eroica-, die 9. Symphonie u. a. überzeugend dargetan hat. Dabei darf

---

[1] Die neuesten astronomischen Theorien führen sozusagen mit Notwendigkeit zur Annahme einer Art „Schöpfungsaktes", wobei wir mit trübem Lächeln erfahren, daß hiefür sogar bestimmte Zeitgrenzen („vor etwa 200 Billionen Jahren"!) angegeben werden können (vgl. **Jeans:** a. a. O. S. 356).

[2] Beispiel: O. **Schöck,** Ravenna-Lied.

die geistige Grundidee nicht „programmatisch", wie eine heute überwundene
Richtung tat, ausgelegt werden; ihr Bestehen genügt, um den musikalischen
Eindruck mächtig zu bereichern, ja zu einem gewaltigen Erlebnis zu steigern,
indem sie die gedankliche Brücke vom bloßen „Spiel der Töne" zu den hohen
Anliegen der Menschheit bildet.

Den „Unmusikalischen" fehlt meines Erachtens nur die richtige Einführung und Aufklärung. Denn für Naturstimmungen sind sie wohl alle empfänglich und wenn sie die oben
angeführte Schilderung der nächtlichen Mysterien durch M ö r i c k e auf sich einwirken lassen,
so haben sie im unvergleichlichen Fluß der Sprache schon eine deutliche **Vorstellung vom
Wesen des Musikalischen.** Sie finden alsdann unmittelbare Anknüpfungspunkte in der
Pastoral-Sinfonie von Beethoven, in den Kinderszenen von Schumann, im Sommermorgen-
glanz der Brigg Faire von Delius und ungezählten verwandten Tondichtungen. Von da zur
absoluten Musik ist nur ein Schritt. Heute nimmt nicht zuletzt Dank der genialen technischen
Durchbildung des Rundfunks die Musikliebe in der Welt so stark zu, daß wir, — denen Musik
sagt wie wir leiden, — **wohl die Mehrheit ausmachen.** Daher glaube ich mich auch in Tonzeichen mit meinen Freunden auseinandersetzen zu dürfen.

Nehmen wir, da der Raum nicht mehr erlaubt, zwei Beispiele: Die Coriolan-Ouvertüre
von Beethoven würde formal, als bestimmte Aufeinanderfolge und Verarbeitung von Themen,
also als absolute Musik betrachtet, noch immer bedeutend, aber gewissermaßen grundlos
erscheinen. Welch überwältigenden, erschütternden Eindruck ruft sie hervor, welch tragischen
Trost spendet sie dem schwer Leidtragenden, sobald er weiß, daß sie verkettet ist mit ver-
wandtem ungeheurem Schicksal. So erfaßt, ist diese Musik Gottesdienst: der Mensch beugt

Coriolan-Vorspiel von L. van Beethoven.

sich in Ergebenheit vor der obersten Schicksalsmacht. Umgekehrt: Der letzte Satz der
IV. Symphonie von B r a h m s als „Passacaglia" abgetan, ist ein Gipfel der Verballhornung
durch handwerklich ausgedörrte und abgestumpfte „Fachkritiker", die einer Formaleigen-
schaft größere Wichtigkeit beimessen als der Eruption eines tragisch beschwerten Gemütes.
Immer häufiger tritt in Kunsturteilen dieser **„Positivismus"** auf, der sich damit selbst treffend
kennzeichnet als die **Entseelung** nicht nur der **Außen-** sondern **auch der Innenwelt.** Allein
es gibt noch glücklicherweise Künstler und Kunstwerke, die auf Tiefe ausgehen.

Einen der Gegenwart entnommenen trefflichen Beleg bietet die Natursinfonie von S i e g -
m u n d v. H a u s e g g e r. Kreisen höherer Bildung entstammend, durfte dieser begnadete
Tonschöpfer es wagen, den gewaltigen Gegensatz Natur-Mensch-Geist zur Grundidee eines
musikalischen Werkes zu machen. Der 1. Satz gibt Eindrücke aus Erlebnissen über das

Weben der toten Natur etwa im Hochgebirge wieder. Der 2. Satz, dessen Anfang das nachfolgende Notenbeispiel veranschaulicht, schildert die Klage der Natur über ihre eigene Gebundenheit, die ewige Werdelust, die gezwungen ist, ewiges Vergehen und Vernichtung zu dulden.

Der letzte Satz spiegelt das Zagen des Menschen, der — dem dämonischen Wesen der Natur gegenüber ursprünglich hilflos — **seine geistige Befreiung** aus dem Chaos machtvoll durchsetzt und im erhabenen Goetheschen Hymnus[1], den wir am Schluß anführen, **weltüberwindend zum Ausdruck bringt.** Das sprühende musikalische Leben des 1. Satzes, die unendlich zarte Gefühlstönung des 2. Satzes, die durch herbe Tragik in jenseitig rührende Verklärung übergeht; die Monumentalität des letzten Satzes erheben das Werk zum Range

II. Satz der Natursinfonie von S. v. Hausegger.

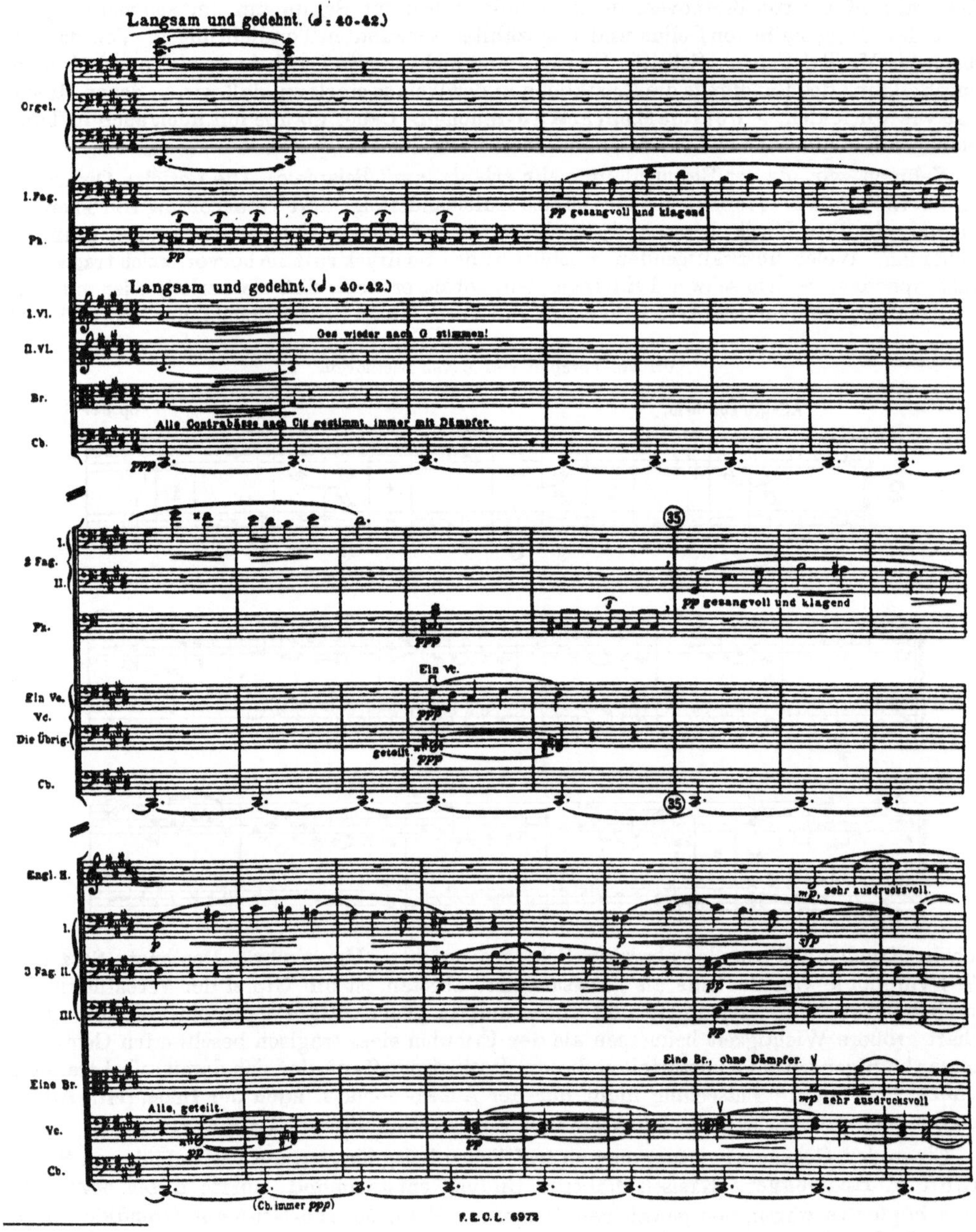

[1] Proömion.

einer ganz großen musikalischen Schöpfung. Und abermals wird wohltuend die Erkenntnis bestätigt, daß große Wirkungen nur entstehen, wenn der Tondichter kein isolierter Ästhet, sondern eine die Probleme des Geistes und der Welt warm miterlebende Persönlichkeit ist. Möge doch, im Interesse edel-menschlicher Kultur, die breite Öffentlichkeit diesem vornehmen Meister die verdiente Anerkennung zollen und auf häufigere Aufführung seiner Werke dringen.

Aber das Schöpferische bewegt sich geschichtlich im Wellengang. Nach einer unvergleichlichen Blüte der Ausdruckskunst, der intensivsten Gefühlsvermittlung (Wagners Tristan, Der Ring!)[1] ist der Vulkan ausgebrannt, und der seelisch verarmte Neutöner, der weder mit Erdwirklichkeit verwachsen ist, noch himmelwärts orientierten Aufschwunges fähig ist, bleibt im luftleeren Raum des Handwerkes stecken, und ist froh, sich Rechenaufgaben eines obendrein gelockerten Kontrapunkt-Kalküls widmen zu können[2]. Und doch verspüren wir auch hier schon einen frischen Windhauch, der Hoffnungskeime birgt, die freilich ungemein langsam reifen.

Mit der Musik koordiniert, nur nicht so unmittelbar mit dem Gemütsleben verbunden, in die bildende Kunst, deren weniger intensive Eindrücke um so größere Dauerhaftigkeit auszeichnet. Und ergreifend, — wie im Ethischen (ja im Technischen), ein Kampf des Guten mit dem Bösen: — dem Unverstand. So krasse Seitensprünge, wie wir sie von sinnverwirrten Malerschulen erleben mußten, hat selbst modernste Musik nicht aufzuweisen. Und doch (man verzeihe das schwer verdächtige Wort): ein Fortschritt, eine Entwicklung des eigentlichen Kernes der Kunstübung. Es weht etwas wie Frühlingswind und zugleich im tieferen Sinne Wahrhaftigkeit aus der Farbenfrische der Neueren.

Und eine letzte bedeutsame Feststellung: Es ist Tatsache, daß viele hervorragende Künstler uns an ihrer menschlichen Unzulänglichkeit schwer zu tragen gegeben haben. Soll man sich der begeisterten jungen Lehrerin anschließen, die ausrief: „Bürgerliches Gesetz, bürgerliche Moral sind für uns Kleine, Unfruchtbare — lasset **die Großen ihre kühnen freien Wege** gehen. — Ich weiß nicht — aber eines scheint mir gewiß: die oft klägliche Mangelhaftigkeit des **Gefäßes**, durch das die Kunst zu uns dringt, ist der überwältigende **Beweis für ihren transzendentalen Ursprung.**

Und nun die **großen dichterischen Werke** — die bewußte Ausprägung des Geistes in seinen Flügen zum tief Menschlichen bis hinauf zu seligsten Ahnungen — sie sind ein Hort der Erbauung, dessen Tiefe dem Religiösen durchaus gleichwertig zur Seite zu stellen ist. Ob man auf Äschylos und Sophokles zurückgreift, oder die Runen der Mythen zu deuten versucht, oder sich — um nur der Neuesten zu gedenken — Goethe und Schiller, Möricke, Victor Hugo, Ibsen zuwendet — überall wird man wie von wallenden Lebensströmen hingerissen. Wer kann ohne Erschütterung beim Bilde des an der Unvollkommenheit seiner Schöpfung leidenden Gottes stehen bleiben, das Spitteler im „Prometheus und Epimetheus[2]" — mit allerdings maßlos verbittertem Gemüt — entwirft? Da wird der flache „Vollkommenheitswahn", der mit Harfenakkorden dem Gläubigen einzuprägen versucht wird, sich des tragischen Untergrundes der Welt bewußt, obschon es der entschlossenen Kraft des Vollmenschen bedarf, dieser Erkenntnis fest ins Auge zu blicken, sie überhaupt zu ertragen.

---

[1] Der erlösende Stolz Wagners, zugleich ein Bekenntnis seiner Werte-Rangordnung, kommt in der Entgegnung an seinen Gegner Fétis (nach mißglücktem Aufklärungsversuch) zu blitzendem Ausdruck:„Sie seniler Greis wagen mich zu bekämpfen, der ich der edlesten Gefühle fähig bin."

[2] „Was diese Kunst ausdrückt, berührt keines Laien rein menschliches Empfinden. Es spricht aus ihr, triumphiert sieghaft, die zur asketischen Religion gewordene Technik, das zum absoluten Selbstzweck erhobene Können."(Th. Mann, aus den Buddenbroecks.)

Die tausendjährige Leidens- und Unterdrückungsgeschichte der Völker geht
an unserem Auge vorbei; schaudernd hören wir mit Victor Hugo „vom hohen
Berge“, wie der gefolterte Mensch seit Urgedenken wehklagt und sein Schicksal
verflucht, oder wir stellen in Spittelers Olympischem Frühling[1] mit der „Geschöpfe“ verelendeter Schar an Zeus die schicksalsbange Frage: „Warum? Wo-
zu? Wenn wir das entsagungsvolle Urteil von Goethe und anderen Großen über
ihr Leben und die verzweiflungsvolle gegenwärtige wirtschaftliche und soziale Lage
der Welt, an der unsere geliebte Technik wesentliche Mitschuld trägt, hinzunehmen,
so könnten wir ob der Unzulänglichkeit alles Irdischen, vor allem des eigenen
Wesens — in welchem jene Zustände letzten Endes begründet sind —, tiefer Entmutigung anheim fallen. Und in all dieser Bedrängnis sind wir gegenseitig
auf uns allein angewiesen; denn unmittelbare Auseinandersetzung mit den
höchsten Mächten ist ausgeschlossen — sie bleiben ewig hinter dem Urgesetz verborgen.

Nietzsche sieht im „Übermenschen“ die Rettung; aber mit welch in Wahrheit
unmenschlichen Eigenschaften hat er diese seine „blonde Bestie“ ausgestattet!
Welch entsetzlicher Irrtum, zur „Härte“ aufzurufen, das Schwache und Sieche
erbarmungslos dem Verfall auszuliefern, statt ihm — das schuldlos ins Leben gestoßen wurde — **zu helfen, aber zu verhüten, daß fortdauernd Mißratenes neu
geboren werde!**

Durch solche Ausfälle träufelt uns dieser unbändige, alles umwerten wollende —
aber durch vorausziehende Schatten seiner Todeskrankheit getrübte — Geist ver-
giftenden Aufruhr ins Herz, gegen den sich dieses wehrt, weil es fühlt, daß wenn die
dunklen Mächte zeitweise das Übergewicht zu erlangen scheinen, der Sieg doch
schließlich den Mächten des Lichtes zufallen muß. Es sieht nicht nur die Greuel,
sondern auch die Erhabenheiten der Weltgeschichte an sich vorüberziehen. Es hört
— nach dem Gleichnis desselben, trotz allem, hochgesinnten Kämpfers — die
„Geistesriesen, die Menschheit überragend, sich über Jahrhunderte hinweg ihre
hohen Lehren zurufen“. Und aus ungezählten klaren Quellen fließen ihm Gedanken des Aufschwunges, dessen es dringend bedarf, zu. Sind, nach einem
aufbegehrenden Wort, die „alten Himmelslichter ausgelöscht“, sind wir vereinsamt auf uns allein angewiesen; hat das Göttliche keine andere Möglichkeit
der Entfaltung, als in den Tiefen des Menschlichen; kann auch der Höchstbegabte
das Naturgeschehen dem Wesen nach ebensowenig erfassen wie der im Geiste
Arme — so muß uns brüderliches Mitgefühl vereinen; dahinschmelzen muß Überhebung und Kastengeist. Die zarteren Seelenregungen müssen erwachen und jenes
Fluidum, das die sich in Reinheit nähernden Liebenden umfängt: die sublimierte
höhere Menschenliebe, wird uns mehr und mehr durchdringen. Dann werden wir
auch des seelischen Anspornes voll teilhaftig, die die unendliche Einfalt und zugleich Fernsicht eines Pestalozzi in die Worte kleidet:

„Die höchste Stufe der Entwicklung auf der reinen Bahn der Natur ist der
Vatersinn hoher geistiger Kräfte für die unentwickelte Herde der Menschheit.“

Solche Worte müssen dem Ingenieur teuer sein, der durch seinen mit dem
pulsierenden Leben aufs innigste verketteten friedlichen Beruf davor bewahrt
wird, sein Herz der Not der Menschen zu verschließen. Der blutleere Ästhetizis-

---

[1] Diederichs 1901, II: Hera die Braut. S. 109 Mitte.

mus ist, wie Spoerri[1] mit Recht betont, nur ein „Rückzug vor dem Alltag mit vergeblichem Suchen und Greifen nach dem verlorenen Selbst". In diesem pflichtvollen Alltag harrt der Ingenieur mit ungebrochener Tapferkeit aus. Wie hoch seine Tätigkeit im Dienste der menschlichen Gemeinschaft zu werten ist, haben wir wohl überzeugend dargetan. Wenn ein freidenkender Philosoph[2] ihm eine unermeßlich hohe Stellung einräumt, weil sein „**Enthusiasmus im Erfinden** ihn zum Urheber einer Weltveränderung, gleichsam zu einem **zweiten Weltbaumeister**" **mache,** so ist er hocherfreut über solche Anerkennung. In dieser Tätigkeit besteht sein Dank und sein Dienst am Menschen. Seine Schlichtheit kommt durch das große Lob nicht ins Wanken. Er bleibt sich bewußt, daß die flammende Begeisterung für die Technik sich nicht nur verträgt, sondern es zur Pflicht macht, den rein geistigen Werten die schuldige Ehrfurcht und Pflege nicht zu entziehen.

Mitten im Wirbel des Lebens stehend, müssen wir als **handelnde Wesen** mit entschlossener Hand eingreifen. Diesem Zwange nicht blinden Auges oder nur mit dem Strom der Masse hingleitend zu folgen, kann uns nur die Festigung unserer Weltanschauung befähigen. Lassen wir uns in stillen Stunden, in welchen man sich früher der „Andacht" hingab, von Geistesschwingen mutvoll und beseelt auf Höhen emporführen, von welchen wir einen sehnsüchtigen Blick in jene Fernen glauben wagen zu dürfen, wo eine Gottheit das unbekannte Urgesetz webt. Gnadenvoll wird sie uns — wenn auch dem Blick entzogen — durch ein leises

Aus dem II. Satz der Violin-Sonate
von Othmar Schoeck.

Zeichen zu verstehen geben, daß **sublimiertester Kunstgenuß** und auch das von sanft glühenden Flämmchen erhellte **Schönheitsreich,** das wir im verborgensten Seelenwinkel aufgerichtet und nur in Augenblicken der Verinnerlichung betreten, **nicht das Letzte der Wahrheit bedeuten.** Begeistertes lehrhaftes Wirken für Wissenschaft, Schönheit und sittliches Handeln ist in dieser kahlen Welt ein hohes Ver-

---

[1] A. a. O. S. 39.

[2] **Jaspers,** K.: a. a. O. S. 106.

dienst. Und doch; wenn innerste Aufrichtigkeit, — uns mit klaren Augen anblickend, frägt, ob damit allem genügt wurde, ob unsere Liebe wirklich tief genug war, — werden wir uns nicht betroffen fühlen? Haben wir nicht eine der tiefsten Quellen der Beseeligung übersehen, diejenige die als „neues Wunder aus dem Zusammenwirken mit der Gemeinschaft"[1] ersteht? Denn darin besteht die große Aufgabe, die uns gestellt ist: zu versöhnen die beiden Antipole der sich bekämpfenden Mächte des Individualismus und Altruismus, mit seinen Ausstrahlungen zum Kollektivismus, nämlich die Entwicklung der uns vom Schicksal zugemessenen Gaben und „Anlagen" zum Idealbild einer in sich gefestigten **Persönlichkeit** und das tiefe Gefühl, daß Persönlichkeit nur ein **selbsteitles Idol** wäre ohne strömenden Dank für das von der Gemeinschaft Empfangene, ohne **Extase für die Herrlichkeit der geistigen Berührungen,** wo (in weiter Ferne von jeglichem erotischen Dunst) Seele sich zu Seele findet, im freudvollen Einverständnis des Eifers nach Ausrottung schriller Weltmißklänge, die uns Ohr und Herz zerreißen, und im heiß durchrieselnden Gefühl durch solche Berührung zu letzter Harmonie zu gelangen. Aber der leise Wink der Gottheit, die unser Streben anerkennt, uns wohl will, in liebendem Verständnis des Erdenrestes, der uns allen anhaftet, Strenge und Schroffheit vermeidet, wird doch die Andeutung enthalten, daß diese letzte Seligkeit nur auf dem **Grunde eines Opfers zu erringen** ist, das man **früher oder später von uns erwartet;** daß nur der Opfergedanke die wahre und durchgreifende Lösung aller „Fragen" Nöte und Zwiespälte bildet, die die Menschen in die entsetzliche Wirrsal der Gegenwart gestürzt haben.

Der mitten im Sprossen stehende Jüngling wird vielleicht, hingerissen von der Glut des durch seine Adern kreisenden Tatendranges, zuerst dieses auf ihn eindringende Leben leben wollen. Aber in die aufschäumende Lust mischt sich die Vorahnung der tieferen Berufung, wie nebenstehende Tonzeichen des herzensstarken schweizerischen Komponisten Othmar Schoeck[2] verdeutlichen.

Schluß des Liedes von der Erde von G. Mahler.

---

[1] Dampf- und Gasturbinen. S. 1104.

[2] Violinsonade Op. 16, S. 15. Schlußtakte des 2. Satzes. Ein schmerzliches Zeichen der Zeit, daß die urgesunde ursprüngliche Musik dieses Meisters noch immer nicht voll die ihr gebührende Anerkennung findet.

Der sein Lebenswirken überblickende Mann wird mit **Mahler**[1] feststellen, daß die Summe der genossenen Schönheit alles Ungemach bei weitem überstrahlt. Und der große Dichter weist uns in hymnischen Worten auf die Erhabenheit und Tiefe der Gottnatur hin. S. v. Hauseggers reiner Geist war berechtigt im Schlußchor seiner Natursinfonie die daraus quellende Gefühlswelt der Andacht und des Bekenntnismutes zu vermitteln.

Prooemion.

Im Namen dessen der sich selbst erschuf,
Von Ewigkeit im schaffenden Beruf;
In seinem Namen, der den Glauben schafft,
Vertrauen, Liebe, Tätigkeit und Kraft;
In jenes Namen, der so oft genannt,
Dem Wesen nach blieb immer unbekannt:
So weit das Ohr, so weit das Auge reicht
Du findest nur Bekanntes, das ihm gleicht,
Und deines Geistes höchster Geistesflug
Hat schon am Gleichnis, hat am Bild genug.
Es zieht dich an, es reißt dich heiter fort,
Und wo du wandelst, schmückt sich Weg und Ort.
Du zählst nicht mehr, berechnest keine Zeit
Und jeder Schritt ist Unermeßlichkeit.

———

Was wär ein Gott, der nur von außen stieße,
Im Kreis das All am Finger laufen ließe!
Ihm ziemt's, die Welt im Innern zu bewegen,
Natur in sich, sich in Natur zu hegen,
So daß, was in ihm lebt und webt und ist
Nie seine Kraft, nie seinen Geist vermißt.

———

[1] Lied von der Erde, letzter Satz, Klavierauszug S. 93. Die Tondichtung ist auf einer Folge altchinesischer lyrischer Gedichte aufgebaut mit einem vom Mahler frei ergänzten Schluß: „O Schönheit! O ewigen Liebens — Lebens — trunk'ne Welt!

. . . .

Die liebe Erde allüberall blüht auf im Lenz und grünt aufs neu! Allüberall und ewig blauen licht die Fernen. Ewig . . . . . ewig . . . . ."

Unter dem Einfluß solch edlen Schaffensdranges, solch feurigen Daseins-
dankes, solch seelenvoller Bekenntnisse werden Zwang und Qual, die man im
Begriffe des „Opferns" einzuschließen pflegt, allmählich verblassen. Wie unter
vulkanischen Kräften erbebt unsere Zeit und mahnt. Stille Besinnung erkennt die
Zeichen und die aus der Ferne erstrahlende Schönheit der sich vorbereitenden
großen Wandlung. Daß die Erkenntnis der Möglichkeit so verheißungsvoller
Schönheit schließlich mit ihrer freudigen Verwirklichung endigen wird, ist, was
ich in meinem „Abschied" als **Natur-(Ur-)Gesetz des Geistes** angesehen haben
wollte.

Schlußchor aus der Natursinfonie von S. v. Hausegger.